Hellwich · Siebert

Übungen zur Stereochemie

K.-H. Hellwich · C. D. Siebert

Übungen zur Stereochemie

191 Aufgaben und Lösungen

2., erweiterte Auflage

Springer

Dr. Karl-Heinz Hellwich
Postfach 10 07 31
63007 Offenbach
E-Post: *khellwich@web.de*

Dr. Carsten D. Siebert
65936 Frankfurt a. M.
E-Post: *dr.cdsiebert@web.de*

Bibliografische Information der Deutschen Nationalbibliothek
Die Deutsche Bibliothek verzeichnet diese Publikation in der Deutschen Nationalbibliografie;
detaillierte bibliografische Daten sind im Internet über http://dnb.d-nb.de abrufbar.

ISBN 978-3-540-46132-6   2. Aufl. Springer Berlin Heidelberg New York
DOI 10.1007 / 978-3-540-46134-0
ISBN 978-3-540-01299-3   1. Aufl. Springer Berlin Heidelberg New York

Springer ist ein Unternehmen von Springer Science+Business Media
springer.de

Satz und Herstellung: LE-TEX Jelonek, Schmidt & Vöckler GbR, Leipzig
Umschlaggestaltung: WMXDesign, Heidelberg
Gedruckt auf säurefreiem Papier   2/3100/YL – 543210

Dr. Karl-Heinz Hellwich und Dr. Carsten D. Siebert

Dr. phil. nat. Karl-Heinz Hellwich

Jahrgang 1962, studierte 1983–1989 Chemie mit Schwerpunkt Stereochemie an der Johann Wolfgang Goethe-Universität, Frankfurt a. M. Neben der anschließenden Forschungstätigkeit über Wirkstoffe zur Regulierung des Fettstoffwechsels im dortigen Institut für Pharmazeutische Chemie lehrte er 1989–1995 Organische Chemie. Außerdem hielt er 1991–2001 Seminare über chemische Nomenklatur. Auf die Berufung zum Gutachter der IUPAC-Kommission für Nomenklatur der Organischen Chemie 1993 folgten langjährig Lehraufträge für Stereochemie und für chemische Nomenklatur im Institut für Pharmazie der Friedrich-Schiller-Universität, Jena. 1996 erfolgte seine Promotion, 1998 wurde er offizielles Mitglied der IUPAC-Kommission für Nomenklatur der Organischen Chemie. Nach der Veröffentlichung eines allgemein anerkannten Fachbuches über chemische Nomenklatur und etlicher Fachübersetzungen wurde er 1999 bei der Beilstein GmbH und später im Beilstein-Institut in Frankfurt a. M. angestellt. Seit 2006 ist er ordentliches Mitglied des Division Committees der Division on Chemical Nomenclature and Structure Representation der IUPAC.

Dr. phil. nat. Carsten D. Siebert

Jahrgang 1967, studierte 1989–1994 Chemie und Pharmakologie an der Johann Wolfgang Goethe-Universität in Frankfurt a. M. In seiner Diplomarbeit und Dissertation im Fachbereich Pharmazie beschäftigte er sich im Rahmen von Kooperationen mit der Industrie und dem Institut für Neurophysiologie der Humboldt-Universität zu Berlin mit der Synthese und

Testung von Wirkstoffen zur Therapie und Aufklärung zentralnervöser Erkrankungen. Nach mehrjähriger Assistenz am Lehrstuhl für Pharmazeutische Chemie und erfolgter Promotion wechselte er 1999 zur Beilstein Chemiedaten und Software GmbH in Frankfurt a. M. Ende des Jahres 2001 wurde er nach langjähriger freier Mitarbeit bei ABDATA Pharma-Daten-Service in Eschborn/Ts. angestellt. In der pharmazeutischen Redaktion betreut und konzipiert er Arzneimittelinformationssysteme für Apotheken, Krankenhäuser und Arztpraxen. Darüber hinaus arbeitet er regelmäßig mit Lehrbuchautoren zusammen.

Herrn Prof. Dr. Hermann Linde (1929 – 2001) gewidmet

Geleitwort

Als Autor des wohl ersten modernen Lehrbuches der Stereochemie (Eliel, „Stereochemistry of Carbon Compounds", McGraw-Hill, 1962) und Mitverfasser oder „Pate" dreier kürzlich erschienener Bücher zu diesem Thema (Zitate [1–3] im Anhang/Literatur), freue ich mich wirklich, daß endlich ein umfassendes Übungsbuch zur Stereochemie erschienen ist. In den letzten 40 Jahren bin ich sehr häufig nach Aufgaben für Studenten gefragt worden, mit deren Hilfe sie sich die oben erwähnten Lehrbücher erarbeiten könnten. Meine Antwort lautete immer, daß jeder Dozent seinen eigenen Aufgabenkatalog zusammenstellen müsse. Das ist also nun vorbei! Ich habe selbst viele, viele Übungsblätter erarbeitet und kann daher versichern, daß nirgendwo sonst das Fachgebiet so umfassend (und so anregend) abgefragt wird wie in diesem Buch.

Die 191 Übungsaufgaben des Buches behandeln praktisch alle Aspekte der Stereochemie, darunter Nomenklatur, stereogene Elemente (Zentren, Achsen, Ebenen) und ihre Deskriptoren, Symmetrie, die anorganische Stereochemie, Bestimmung des Enantiomerenüberschusses, Konformation cyclischer und acyclischer Verbindungen und mehr. Die Antworten enthalten außer der Lösung der Aufgabe auch häufig Erklärungen der zugrunde liegenden Prinzipien. Die Aufgaben sind mehr oder weniger nach steigendem Schwierigkeitsgrad geordnet. (Tatsächlich habe ich bei einigen der Aufgaben gegen Ende des Buches ganz schön geschwitzt!)

Eine ganze Reihe von Fragen bezieht sich auf Naturstoffe und/oder Pharmaka. Dies sollte nicht nur das Interesse angehender Chemiker und Molekularbiologen wecken, sondern auch zukünftige Pharmazeuten, Pharmakologen und Ärzte anregen und fesseln, die Aufgaben zu bearbeiten.

Wie oben erwähnt, befreit das Buch den Dozenten quasi von der Erstellung eigener Übungsbögen, macht aber seine Rolle als Lehrer in keiner Weise überflüssig. Da sich die Aufgaben auf kein spezielles Lehrbuch beziehen, werden sie sicherlich nicht in der Reihenfolge präsentiert, in der ein bestimmtes Thema in einer Vorlesung behandelt wird, und müssen daher im Verlauf der Vorlesung entsprechend zugewiesen werden. Außerdem ist die

Gesamtzahl der Aufgaben zu umfangreich für die meisten Studenten und es ist daher ratsam, daß der Dozent Übungen auswählt. Die Antworten zu vielen der Aufgaben können und sollen zum Nachdenken und Diskutieren anregen. Eine Möglichkeit wäre, die Studenten während der Übungen in Gruppen einzuteilen und die Antworten des Buches – da diese gegeben werden, ist eine Benotung sowieso sinnlos – diskutieren zu lassen (am besten mit Hilfe einfacher, preiswerter Molekülmodelle). Gegebenenfalls kann der Dozent am Ende in die Diskussionen eingreifen, um die schwierigsten Fragen zu beantworten. Dieses Vorgehen bietet dem Dozenten eine gute Möglichkeit, die Denk- und Argumentationsfähigkeit der Studenten zu beurteilen.

Und nun darf ich Sie einladen, sich den Aufgaben zu stellen!

Ernest L. Eliel

University of North Carolina at Chapel Hill
15. Juli 2003

Vorwort zur 2. Auflage

Ein Übungsbuch zur Stereochemie zu schreiben, schien zu Beginn nicht mehr als eine originelle Idee zu sein. Nachdem aber der Gedanke etwas gereift und die ersten Aufgaben formuliert worden waren, wurden die Vorstellungen über den Schwerpunkt und den Umfang konkreter, und schließlich stand das Konzept, das wir dem Springer-Verlag im Jahre 2002 vortrugen. Bis zu diesem Zeitpunkt gab es ein solches Werk nicht, so daß wir den Verlag überzeugen konnten.

Frau Dr. Hertel, der wir an dieser Stelle ganz herzlich danken, ermöglichte es, daß dieses Übungsbuch in kurzer Zeit verwirklicht wurde. Nachdem die erste Auflage und ein korrigierter Nachdruck der *Übungen zur Stereochemie* auf großes Interesse bei Studierenden und Lehrenden – nicht nur im Inland – gestoßen waren, konnte im Herbst 2006 eine englischsprachige Ausgabe vorgelegt werden.

Sie halten nun die zweite Auflage der *Übungen zur Stereochemie* in den Händen. Das didaktisch klare Konzept der Einteilung in einen Aufgabenteil und einen sich anschließenden ausführlichen Lösungsteil, das von unseren Lesern ausnahmslos positiv bewertet wurde, sowie der Umfang wurden beibehalten. An einigen Stellen wurden jedoch sprachliche sowie bildliche Präzisierungen und inhaltliche Ergänzungen, die dem didaktischen Anspruch Rechnung tragen, vorgenommen. Vor allem in den Lösungen der Aufgaben 2, 18, 28, 48, 53a, 66, 79, 101, 104c, 105, 125 und 189 wurden Textpassagen ergänzt und Graphiken überarbeitet. Ferner wurden neben einer Handvoll orthographischer Korrekturen die Lösungen der Aufgaben 31h und 53d korrigiert sowie Unstimmigkeiten in den Formeln von Aufgabe und Lösung 171d beseitigt. Bei dieser Gelegenheit sind auch einige Strukturformeln und Namen an die aktuellen IUPAC-Empfehlungen angepaßt worden. Auf den aktuellen Stand gebracht wurden auch die Informationen über die als Beispiele verwendeten Arzneistoffe. Schließlich wurden das Sachverzeichnis um einige Begriffe erweitert und das Literaturverzeichnis aktualisiert.

Für konstruktive Kritik, die zu einem Teil der genannten Verbesserungen führten, danken wir Prof. Dr. Volker Schurig, Tübingen, und Dr. Allan D. Dunn, Frankfurt a. M. Nun aber wünschen wir gutes Gelingen beim Üben und Nachschlagen!

Karl-Heinz Hellwich
Carsten D. Siebert

Im Januar 2007

Inhaltsverzeichnis

Einleitung

Die Idee zu diesem Übungsbuch wurde aus der Praxis geboren. Während mehrjähriger Assistententätigkeit in der organisch-chemischen Ausbildung von Studierenden im Fach Pharmazie und anschließender redaktioneller Tätigkeit im Bereich der Chemie- und Arzneimittelinformation ergaben sich immer wieder Fragestellungen zur eindeutigen Beschreibung des räumlichen Baus chemischer Verbindungen. Dabei hat sich wiederholt gezeigt, daß es nicht ausreichend ist, sich das Wissen aus Lehrbüchern anzueignen, sondern ausgesprochen wichtig, die räumlich korrekte Wiedergabe von Stereoformeln an konkreten Beispielen zu üben. Mit dem vorliegenden Übungsbuch möchten die Autoren ihren Beitrag leisten, dieser Forderung nachzukommen. Da es kein Lehrbuch ersetzt, sei dem Leser zur ausführlichen Wissensvermittlung die im Anhang genannte einschlägige Literatur empfohlen.

Zum Einstieg in das Übungsbuch wird nach Definitionen stereochemischer Begriffe gefragt. Die im Lösungsteil des Buches gegebenen Antworten liefern zugleich einen Teil des nötigen Werkzeugs, um sich den nachfolgenden nach Schwierigkeitsgrad geordneten Übungen schrittweise zu nähern. Zunächst werden leichtere Übungsaufgaben gestellt, in denen alle Beschreibungen relativer und absoluter Konfiguration geübt und in ihrer Bedeutung erkannt werden können. Bereits dabei wird man feststellen, daß die räumliche Betrachtung chemischer Verbindungen noch längst nicht zur Selbstverständlichkeit geworden ist, obwohl sie in ihren wesentlichen Grundzügen schon im 19. Jahrhundert bekannt war. Im weiteren Verlauf wird der Leser auch anhand von stereoselektiven und stereospezifischen chemischen Reaktionen und der Bestimmung von Symmetriepunktgruppen an kompliziertere räumliche Betrachtungen herangeführt. Zu allen Aufgaben werden im zweiten Teil des Buches Lösungen vorgestellt. Sie enthalten präzise Formeldarstellungen und ausformulierte Begründungen, damit ein Lerneffekt in jedem Fall sichergestellt ist.

Die Übungsbeispiele decken nicht nur eine Vielzahl stereochemischer Fragestellungen und ausgesuchte stereochemisch relevante Reaktionen ab, sondern präsentieren nahezu immer auch reale Beispiele aus dem Bereich der Pharmazie und Biochemie. Denn es ist klar, daß eine exakte räumliche Beschreibung von pharmakologisch – und damit auch medizinisch – interessanten Verbindungen unumgänglich ist, wenn eine Wirkung auf den Organismus verstanden sein will, da Rezeptoren und Enzyme zumeist eine stereoselektive Liganden- bzw. Substraterkennung zeigen. Leider wird auch heute noch, obwohl im Prinzip jede Verbindung isomerenrein synthetisiert oder Gemische zumindest in ihre stereoisomeren Anteile getrennt werden können, dieser Anspruch einer vollständigen Molekülcharakterisierung von Chemikern und Pharmakologen nicht ausreichend kultiviert. Auch gelangen zahlreiche chirale Arzneistoffe nach wie vor als Enantiomeren- oder Diastereomerengemische in den Handel. In vielen Fällen ist das eine Isomer unwirksam, in einigen sogar für die unerwünschten Nebenwirkungen verantwortlich. Fast immer aber wird der Organismus zumindest mit einem überflüssigen Xenobiotikum belastet. Es ist daher unverständlich, daß, obwohl es mittlerweile eine Fülle von Stereochemie-Lehrbüchern gibt, in denen das Wissen vermittelt wird, in einigen pharmazeutischen Lehrbüchern die sterische Betrachtung und Darstellung der Wirkstoffe nach wie vor vernachlässigt wird, man folglich auf eine unvollständige – und damit nicht korrekte – Molekülbeschreibung stoßen wird.

Die Autoren hoffen, daß die Auswahl der Verbindungen, die einer exakten räumlichen Beschreibung zugeführt werden sollen, die fachübergreifende Bedeutung der Stereochemie erkennen läßt. Das breite Spektrum möglicher Anwendungen zeigt anschaulich, daß es sich keineswegs um eine Nischenwissenschaft handelt, sondern daß die stereochemische Betrachtung auf molekularer Ebene zum grundlegenden Verständnis lebensweltlicher Prozesse gehört. Daher mag neben Studierenden der Naturwissenschaften auch Molekularpharmakologen und Medizinern dieses Buch besonders ans Herz gelegt sein.

Aufgaben

? 1

Erklären Sie die folgenden stereochemischen Grundbegriffe kurz und prägnant in jeweils ein oder zwei Sätzen.

a) Chiralität
b) Konstitution
c) Konfiguration
d) Konformation
e) Stereoisomere

? 2

Formulieren Sie alle Isomere mit der Summenformel C_3H_6O.

? 3

Was ist und wie beschreiben Sie die absolute Konfiguration?

? 4

Bestimmen Sie die Konfiguration des abgebildeten Isomers von 2-Hydroxy-bernsteinsäure.

$$\text{HOOC} \diagdown \diagup \text{COOH} \atop \text{HO} \quad \text{H}$$

? 5

Definieren Sie die folgenden Begriffe eindeutig und nennen Sie je ein Beispiel.

a) Enantiomerie
b) Diastereomere
c) Racemat
d) Epimer

? **6**

In welchen der folgenden Eigenschaften unterscheiden sich (R)-Carvon und (S)-Carvon?

a) Siedepunkt
b) UV-Spektrum
c) Brechungsindex
d) Schmelzpunkt
e) Geruch
f) optische Drehung
g) Dipolmoment
h) Zirkulardichroismus
i) NMR-Spektrum
j) Infrarotspektrum

? **7**

Bestimmen Sie die Konfiguration des abgebildeten Isomers der Aminosäure Alanin.

? **8**

Was versteht man unter
a) einem Symmetrieelement,
b) einer Mesoverbindung?

? 9

Markieren Sie jedes Chiralitätszentrum in der Formel des Lipidsenkers Lovastatin mit einem Stern. Wieviele sind es?

? 10

Erläutern Sie folgende Begriffe knapp und eindeutig.
a) Mutarotation
b) enantioselektiv
c) Retention
d) stereogene Einheit

? 11

Wann ist ein Molekül chiral?

? 12

Erklären Sie kurz und prägnant, was
a) Atropisomere,
b) Anomere
sind, und geben Sie an, welche Stereodeskriptoren zu ihrer Beschreibung verwendet werden.

? 13

Geben Sie die Definition für folgende Begriffe an.
a) Stereoselektivität
b) stereospezifisch

? 14

Bestimmen Sie die absolute Konfiguration von L-Cystein nach der R/S-Nomenklatur.

$$\underset{\overset{|}{CH_2SH}}{\overset{COOH}{H_2N\rule[0.5ex]{1.5em}{0.4pt}H}}$$

? 15

Erklären Sie kurz und prägnant die folgenden stereochemischen Begriffe.

a) Inversion
b) prochiral
c) Topizität

? 16

Wieviele Prochiralitätszentren besitzt Butanon und wo befinden sich diese?

? 17

Erläutern Sie in wenigen Sätzen, was unter dem Begriff relative Konfiguration zu verstehen ist. Welche Stereodeskriptoren zur Beschreibung der relativen Konfiguration kennen Sie?

? 18

Zeichnen Sie die verschiedenen Konformationen von Ethylenglycol ($HO–CH_2–CH_2–OH$) in der Newman-Projektion und benennen Sie sie eindeutig.

? 19

Was ist ein Pseudochiralitätszentrum?

? 20

Erklären Sie in Worten den Unterschied zwischen den Deskriptorenpaaren Re/Si und re/si und prüfen Sie, welches der beiden Deskriptorenpaare zur Kennzeichnung der beiden Seiten der planaren Struktureinheit von

a) (R)-3-Chlorbutan-2-on,
b) (2R,4S)-2,4-Dichlorpentan-3-on

zu verwenden ist.

② 21

Das Psychostimulanz Adrafinil liegt racemisch vor. Zeichnen Sie die Formeln der beiden Verbindungen.

② 22

Die chromatographische Reinigung von 1 g (–)-Ethyllactat mit einem Enantiomerenüberschuß von ee = 85 % liefert verlustfrei das optisch reine (–)-Enantiomer. Wieviel g (+)-Enantiomer werden abgetrennt?

② 23

Formulieren Sie alle isomeren Butene und bestimmen Sie deren Symmetrieelemente und Punktgruppen. Nehmen Sie ggf. das Flußdiagramm im Anhang zu Hilfe.

② 24

Zeichnen Sie die Formeln aller möglichen Isomere von 2-Methylcyclohexan-1-ol. In welchem Isomerenverhältnis stehen die Verbindungen zueinander?

② 25

Das Antiseptikum Debropol wird als Racemat eingesetzt. Welches Enantiomer ist gezeichnet?

❓ 26

Zeichnen Sie die Formel von (Z)-2-Cyan-3,4-dimethylpent-2-ensäure-methylester.

❓ 27

Welches Enantiomer liegt bei Fudostein, einem Mukolytikum, vor?

❓ 28

Zeichnen Sie die Formel von (Z)-1-Brompenta-1,2,3-trien.

❓ 29

Unterscheiden sich folgende Verbindungen in der Konstitution oder der Konfiguration?

a) (E)-1-Brompropen und (Z)-1-Brompropen
b) L-Alanin und β-Alanin
c) Milchsäure und 3-Hydroxybutansäure
d) (–)-Milchsäure und (+)-Milchsäure
e) 1-Chlorpropen und 2-Chlorpropen
f) cis-2-Chlorcyclohexanol und trans-2-Chlorcyclohexanol

❓ 30

Bestimmen Sie die Konfiguration der Doppelbindungen von Alitretinoin, einem Retinoid-Zytostatikum. Wieviele Stereoisomere sind möglich?

❓ 31

Wieviele Konfigurationsisomere gibt es jeweils zu der mit den folgenden Namen ausgedrückten Konstitution? Geben Sie im Falle von zwei Isomeren an, in welchem Verhältnis die Isomere zueinander stehen.

a) Ethanol
b) Butan-2-ol
c) Glycerol
d) 2,3-Dibrombutan
e) Acetonoxim
f) Pent-3-en-2-ol
g) Pentan-2,3-diol
h) Pentan-2,4-diol
i) 3-Brombutan-2-ol
j) But-2-ensäure
k) 4-Ethylhepta-2,5-dien
l) Hexa-2,3,4-trien

❓ 32
Überführen Sie diese Formel von Galactose in die Fischer-Projektion und ermitteln Sie, ob das α- oder das β-Anomer vorliegt.

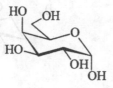

❓ 33
Gibt es Verbindungen mit einer Konstitution, zu denen
a) Enantiomere, aber keine Diastereomere möglich sind,
b) sowohl Enantiomere als auch Diastereomere existieren,
c) Diastereomere, aber keine Enantiomere möglich sind?
Nennen Sie Beispiele, wo möglich.

❓ 34

Formulieren Sie alle isomeren Difluorcyclobutane und bestimmen Sie deren Symmetrieelemente und Punktgruppen. Nehmen Sie dazu den Cyclobutanring als planar an. Kennzeichnen Sie chirale Isomere. Nehmen Sie ggf. das Flußdiagramm zur Bestimmung der Punktgruppen im Anhang zu Hilfe.

❓ 35

Zeichnen Sie die Formeln aller Epimere von (2R,3S)-Bicyclo[2.2.1]heptan-2,3-diol.

❓ 36

Bestimmen Sie die absolute Konfiguration folgender Verbindungen.

a)

b)

c)

d)

❓ 37

In welchem Verhältnis stehen die folgenden Verbindungspaare zueinander?

a)

b)

c)

und

d)

und

❓ 38

Sind folgende Verbindungen Diastereomere oder Enantiomere?

a) (*E*)-1,2-Dichlorethen und (*Z*)-1,2-Dichlorethen
b) (+)-Weinsäure und *meso*-Weinsäure
c) (1*R*,2*S*)-Cyclohexan-1,2-diamin und (1*R*,2*R*)-Cyclohexan-1,2-diamin
d) (1*S*,2*S*)-Cyclohexan-1,2-diamin und (1*R*,2*R*)-Cyclohexan-1,2-diamin
e) α-D-Glucopyranose und β-D-Glucopyranose
f) α-D-Mannopyranose und α-L-Mannopyranose

❓ 39

Zur Aufklärung der absoluten Konfiguration oder Bestimmung des Enantiomerenüberschusses einer Verbindung wird – wenn sie eine Hydroxygruppe besitzt – häufig die Veresterung mit einem reinen Enantiomer der Moshersäure (3,3,3-Trifluor-2-methoxy-2-phenylpropansäure, MTPA) gewählt. Welche Konfiguration hat der Ester, der aus (*S*)-1-Phenylpropan-1-ol und dem (*R*)-Moshersäurechlorid erhalten wird?

? 40

Bestimmen Sie die Symmetriepunktgruppen der nachfolgend genannten Verbindungen. Zeichnen Sie dazu die Symmetrieelemente in die Formeln. Nehmen Sie ggf. das Flußdiagramm im Anhang zu Hilfe.

a) Acetylen (Ethin)

b) Wasserstoffperoxid (H_2O_2)

c) weißer Phosphor (P_4)

d) Ferrocen

e) Twistan

? 41

Wie ist die absolute Konfiguration im Analgetikum Vedaclidin?

? 42

Das Antibiotikum Linezolid wird als reines *S*-Enantiomer eingesetzt. Zeichnen Sie die Formel des Moleküls in dieser Konfiguration.

② **43**

Benennen Sie folgende Verbindungen eindeutig.

a)

b)

c)

d)

② **44**

In welchem Verhältnis stehen die folgenden Verbindungspaare zueinander?

a)

und

b)

und

c)

und

d)

und

❓ 45

Zeichnen Sie eindeutige Formeln für

a) L-*erythro*-2-Amino-3-hydroxybutansäure in der Newman-Projektion (entlang der C2-C3-Bindung)

b) D-Glyceraldehyd in der Sägebock-Schreibweise

c) (Z)-4-Brom-3-(methoxymethyl)but-2-enoylchlorid

d) *u*-3-Brompentan-2-ol in der Zick-Zack-Schreibweise

e) (R,R)-Weinsäure (2,3-Dihydroxybutandisäure) in der Fischer-Projektion

f) (S)-(1-^{2}H$_1$)Ethanol

❓ 46

Nateglinid ist ein oral verfügbares Antidiabetikum. Beschreiben Sie die Verbindung mit geeigneten Stereodeskriptoren und geben Sie an, aus welcher Aminosäure die Verbindung aufgebaut ist.

❓ 47

Beschreiben Sie eine nicht-chromatographische Trennung der Enantiomere von *rac*-1-Phenylethanamin.

❓ 48

Setzen Sie in den systematischen Namen 7-.....-Ethyl-5-.....-isopropyl-6-.....-methyl-7-.....-propylbicyclo[2.2.1]hept-2-en der nachfolgend abgebildeten Verbindung den jeweils passenden Stereodeskriptor *endo*, *exo*, *syn* oder *anti* ein. Zeigen Sie darüber hinaus, daß dieser Name die Verbindung nur unvollständig beschreibt.

❓ 49

Wieviele Isomere gibt es von Diammindichloridoplatin(II), $[PtCl_2(NH_3)_2]$? Bestimmen Sie die Symmetrieelemente und Punktgruppen für jedes Isomer und geben Sie jeweils einen geeigneten Stereodeskriptor an.

❓ 50

Wieviele Stereoisomere gibt es von 1,4-Dimethylbicyclo[2.2.1]heptan-2-ol (formale Maximalzahl und tatsächlich existierende)?

❓ 51

Zeichnen Sie eine Formel für *l*-1,2-Dichlorcyclobutan.

❓ 52

Der Kaliumkanal-Aktivator Cromakalim liegt als Gemisch *trans*-konfigurierter Verbindungen vor. Wie verhalten sich die beiden Stereoisomere zueinander?

❓ 53

In welchem Verhältnis stehen die jeweiligen Verbindungspaare zueinander?

a)

und

b)

und

c)

und

d)

und

❓ 54

Beschreiben Sie die Konfiguration der nachfolgend abgebildeten Verbindung eindeutig und vollständig. Wieviele Stereoisomere gibt es zu ihr?

❓ 55

Zeichnen Sie die Formel von 1-Brom-4*t*-chlor-4-methylcyclohexan-1*r*-carbonsäure.

❓ 56

Zeichnen Sie die Formel von (*R*)-1-Brombuta-1,2-dien.

❓ 57

Ermitteln Sie die Punktgruppen aller Isomere von $[CrCl_2(NH_3)_4]^+$ und geben sie jeweils einen eindeutigen Stereodeskriptor an.

❓ 58

Das Diuretikum Cyclothiazid wurde als Stereoisomerengemisch eingesetzt. Wieviele Stereoisomere existieren?

❓ 59

Welcher andere Deskriptor kann verwendet werden, um die Konfiguration von (R_a)-1,3-Dichlorallen eindeutig zu beschreiben?

❓ 60

Nepaprazol ist ein Racemat (Verwendung als Protonenpumpenblocker). Zeichnen Sie die Formeln der beiden *u*-konfigurierten Verbindungen.

? 61

Sind die beiden Seiten der Doppelbindungen folgender Verbindungen homotop, enantiotop oder diastereotop? Geben Sie, wenn möglich, einen geeigneten Deskriptor für die Ihnen zugewandte Seite an.

a)

H_3C —(C=O)— CH_3

b)

H_3C —(C=O)—O— CH_3 / Cl

c)

H_3C —(C=O)— CH_3

d)

H   Br
C=C
H   H

? 62

Welche Produkte entstehen, wenn Sie
a) Maleinsäure und
b) Fumarsäure
unter Lichtausschluß und in der Kälte mit Brom reagieren lassen? Begründen Sie Ihre Antwort, indem Sie den Verlauf der Reaktion beschreiben.

? 63

Markieren Sie die stereogenen Einheiten von Lumefantrin (Mittel gegen Malaria) und überlegen Sie, wieviele Verbindungen durch diese Formel repräsentiert sind. Wieviele Stereoisomere sind bei dieser Konstitution prinzipiell möglich?

? **64**

Wieviele Epimere existieren zu *trans*-1,2-Dibromcyclopentan?

? **65**

Zeichnen Sie die Newman-Projektion von (*R*)-2-Methylbutan-1-thiol in antiperiplanarer Anordnung entlang der C1-C2-Bindung.

? **66**

Zeichnen Sie die Formel von *meso*-Weinsäure (2,3-Dihydroxybutandisäure) in anticlinaler Anordnung in Sägebockschreibweise.

? **67**

Wieviele Stereoisomere gibt es von 4-*sec*-Butylcyclohexanol? Geben Sie eine Begründung an.

? **68**

Ermitteln Sie alle Stereoisomere der abgebildeten Koordinationseinheit und geben Sie den jeweiligen Stereodeskriptor an.

? **69**

Bezeichnen Sie die Konformation folgender Verbindung und übertragen Sie die Formel in die Fischer-Projektion.

❓ 70

Zeichnen Sie folgendes Biphenyl-Derivat in einer Projektion, die dem Blick entlang der Achse durch die Atome 4, 1, 1' und 4' entspricht, und untersuchen Sie, ob die Verbindung chiral ist.

❓ 71

Bestimmen Sie die Rangfolge der Gruppen in Position 4 des 1,4-Dihydropyridin-Ringes im Calcium-Antagonisten Amlodipin und geben Sie an, ob die Verbindung chiral ist.

❓ 72

Zeichnen Sie die Formeln der beiden Enantiomere von 2t,3c-Dichlorcyclohexan-1r-ol. Bestimmen Sie die Konfiguration der Chiralitätszentren.

❓ 73

Welcher Symmetriepunktgruppe gehört 2-Methylhex-3-in an?

❓ 74

Zeichnen Sie eine eindeutige Formel von (S_a)-6-Aminospiro[3.3]heptan-2-ol.

? 75

Zeichnen Sie die Formeln aller Reaktionsprodukte, die bei der Umsetzung von *trans*-2-Brom-4-chlorcyclobutanon mit LiAlH₄ nach *Re*- und *Si*-Seitenangriff entstehen. Bestimmen Sie die absolute Konfiguration in den Reaktionsprodukten.

? 76

Wieviele Stereoisomere gibt es von Bis(2-aminoethanthiolato-*N,S*)nickel(II)? Geben Sie einen geeigneten Stereodeskriptor für jedes Isomer an.

? 77

Zeichnen Sie die Formel von (2*R*,3*R*,4*R*)-3-Chlor-4-isopropyl-2-methylcyclohexanon in der Sesselform mit dem geringsten Energiegehalt.

? 78

Verläuft die Hydrierung von (*E*)-Pent-2-en oder von (*Z*)-Pent-2-en stärker exotherm? Wie ist das Verhältnis der relativen Wärmefreisetzung bei der Hydrierung von (*E*)- und (*Z*)-Cycloocten?

? 79

Zeichnen Sie eine eindeutige Formel für (*SP*-4-3)-Ammindichlorido-(2-methylpyridin)platin.

? 80

Zeichnen Sie die Formeln von (*RS,RS*)- und (*RS,SR*)-2-Phenyl-2-(piperidin-2-yl)essigsäuremethylester.

? 81

Bestimmen Sie die absolute Konfiguration der Chiralitätszentren des Antibiotikums Tazobactam.

❓ 82

Bei der Umsetzung von (*S*)-(1-Methylheptyl)tosylat mit Natriumazid wird das Produkt mit einem Enantiomerenüberschuß von ee = 99 % erhalten. Geben Sie die Konfiguration von Haupt- und Nebenprodukt an. Was ist die mögliche Ursache für die geringe Verunreinigung des Hauptproduktes durch das andere Enantiomer?

❓ 83

Spezifizieren Sie die Konfiguration der stereogenen Einheiten im Ulkustherapeutikum Trimoprostil.

❓ 84

Bestimmen Sie die Konfiguration des Gyrasehemmers Trovafloxacin. Ist die Verbindung chiral?

❓ 85

Formulieren Sie die Produkte, die Sie bei der Umsetzung von Bicyclo[2.2.2]octen
a) mit Persäure und
b) mit Kaliumpermanganat
erhalten. Zeigen Sie, ob diese chiral oder achiral sind.

? 86

Bestimmen Sie die Symmetriepunktgruppe von (S,S)-Weinsäure in der +synclinalen Konformation.

? 87

Bezeichnen Sie die Konfiguration an den stereogenen Einheiten von Ataprost, einem Thrombozytenaggregationshemmer.

? 88

Wieviele Peaks erwarten Sie im Chromatogramm dieser Verbindung bei der Chromatographie an einer chiralen stationären Phase? Geben Sie eine Begründung an.

? 89

Bestimmen Sie die Konfiguration der Chiralitätszentren und Doppelbindungen des Vitamin D-Derivates Maxacalcitol und zeigen Sie, ob in der Formel das *s-cis-* oder das *s-trans-*Isomer dargestellt ist.

② 90

Welches Produkt entsteht bei der Reduktion von (2S,3R)-2,3-Dichlorcyclo-butanon mit LiAlH$_4$ nach Re-Seitenangriff?

② 91

Zeichnen Sie die Formel von (R)-2-Brompentan-3-on und beschreiben Sie die Topizitäten der Methylen- und Methylwasserstoffatome.

② 92

Zeichnen Sie die Formeln der beiden *threo*-Formen des Appetitzüglers Cathin und bestimmen Sie jeweils die absolute Konfiguration.

② 93

Zeichnen Sie die Formel des R$_a$-konfigurierten Muskelrelaxans' Afloqualon.

② 94

Zeichnen Sie die Formeln der Produkte der Aldolreaktion von Acetaldehyd und Propiophenon und bestimmen Sie die Konfiguration der Chiralitätszentren. Nehmen Sie an, daß Propiophenon nach Zusatz von Base nukleophil am Acetaldehyd angreift.

? 95

Kennzeichnen Sie in den folgenden Formeln die Wasserstoffatome an den Prochiralitätszentren mit *pro-R* und *pro-S*.

a)

b)

c)

d)

e)

? 96

Im *N*-Oxid von Loperamid, einem Antidiarrhoikum, sind die beiden Sauerstoffgruppierungen *trans*-ständig. Zeichnen Sie die Formel in der Sesselform und entscheiden Sie, ob das Molekül chiral ist. Welche Stereodeskriptoren sind im systematischen Namen zu verwenden, um die Konfiguration exakt zu beschreiben?

? 97

Welche Produkte entstehen bei der Bromierung von Zimtsäure [(*E*)-3-Phenylpropensäure]? Zeichnen Sie die Formeln der Produkte in der Fischer-Projektion. In welchem Verhältnis stehen die Produkte zueinander?

? 98

Bestimmen Sie die Konfiguration des Pseudochiralitätszentrums im 5-HT$_3$-Rezeptor-Antagonisten Tropisetron anhand der abgebildeten Formel.

? 99

Bestimmen Sie die Topizitäten der Methylgruppen des Calcium-Antagonisten Darodipin, indem Sie ein Wasserstoffatom einer Methylgruppe durch ein Deuteriumatom substituieren. Ermitteln Sie das Isomerenverhältnis der resultierenden Verbindungen.

? 100

Zeichnen Sie Haworth-Projektionen der Produkte, die bei der Addition von Brom an (R)-4-Chlorcyclohex-1-en entstehen.

? 101

Bestimmen Sie die absolute Konfiguration der Chiralitätszentren von Dizocilpin, einer antikonvulsiv wirkenden Verbindung.

❓ 102

In einer doppelten Michael-Addition von Malonsäureethylmethylester an
(E,E)-1,5-Diphenylpenta-1,4-dien-3-on unter Verwendung einer Base ent-
stehen verschiedene cyclische Produkte. Kennzeichnen Sie die stereogenen
Einheiten der Reaktionsprodukte mit geeigneten Stereodeskriptoren.

❓ 103

Bestimmen Sie die absolute Konfiguration der Chiralitätszentren von Sulopenem, einem Betalactam-Antibiotikum.

❓ 104

Sind die beiden Seiten der Doppelbindungen folgender Verbindungen
homotop, enantiotop oder diastereotop? Geben Sie, wenn möglich, geeignete Deskriptoren für die Ihnen zugewandte Seite an.

a)

b)

c)

d)

? 105

Welche stereogenen Einheiten enthält das Cephalosporin-Antibiotikum Cefmatilen? Bestimmen Sie deren Konfiguration.

? 106

Maleinsäureanhydrid wird einer Cycloaddition mit Cyclopenta-1,3-dien unterworfen. Welche Produkte können entstehen und welche Stereodeskriptoren bezeichnen diese Verbindungen vollständig? Sind die entstehenden Produkte chiral?

Das bei der Umsetzung von Cyclopentadien mit Maleinsäureanhydrid erhaltene Material wird hydrolysiert und anschließend zum Alkohol reduziert. Wieviele isomere Produkte entstehen? Welche Art von Isomerie besteht zwischen ihnen und wie könnte man sie voneinander trennen?

? 107

Zeichnen Sie die Formel des R_a-konfigurierten Atropisomers des nachfolgend abgebildeten NMDA-Rezeptor-Antagonisten.

? **108**

Bezeichnen Sie die Konfiguration des Dopamin-Wiederaufnahmehemmers Brasofensin mit geeigneten Stereodeskriptoren.

? **109**

Zeichnen Sie die Formel von (2R,3s,4S)-2,3,4-Trichlorpentandisäure in der Fischer-Projektion.

? **110**

Bestimmen Sie die Konfiguration der Chiralitätszentren des HMG-CoA-Reduktase-Hemmers Lovastatin.

? **111**

Welche stereogene Einheit enthält nachfolgend abgebildete Verbindung und welche Konfiguration läßt sich angeben?

❓ 112

Zeichnen Sie die Formeln der Verbindungen, die nach Angriff von Methanolat auf das Bromoniumion entstehen, das Sie durch Einwirkung von Brom auf

a) Maleinsäure und

b) Fumarsäure

erhalten. Wählen Sie zum Vergleich der Produkte die Fischer-Projektion.

❓ 113

Zeichnen Sie die Formel des Produktes, das Sie erhalten, wenn Sie an (1*S*,2*R*)-1-Brom-2-fluor-1,2-diphenylethan eine β-Eliminierung von HBr durchführen. Welches Produkt entsteht, wenn Sie das *R*,*R*- bzw. das *S*,*S*-konfigurierte Edukt verwenden?

❓ 114

Bestimmen Sie die Konfiguration der stereogenen Einheiten in der dargestellten Form von Eplivanserin (5-HT$_{2A}$-Rezeptor-Antagonist).

❓ 115

Bestimmen Sie die absolute Konfiguration an den folgenden Verbindungsformeln.

a)

b)

c)

d)

? 116

Der Naturstoff Besigomsin enthält eine R_a-konfigurierte Chiralitätsachse. Zeichnen Sie die Formel dieses Isomers.

? 117

Latanoprost ist ein Prodrug (Anwendung bei Glaukom). Das 15S-Isomer der Säure besitzt nur etwa 10 % der Wirkung der Säure des 15R-Isomers. Zeichnen Sie die Formel des wirksameren Epimers und beschreiben Sie die Konfiguration der übrigen stereogenen Einheiten.

❓ 118

Zeichnen Sie die Fischer-Projektion des Sympathomimetikums Oxilofrin (*erythro*-Konfiguration) und überführen Sie sie danach in eine Formel in der Zick-Zack-Schreibweise. Bestimmen Sie zur Kontrolle nach jedem Schritt die absolute Konfiguration.

❓ 119

Zeichnen Sie anhand des systematischen Namens 5-[(3a*S*,4*S*,6a*R*)-2-Oxo-hexahydrothieno[3,4-*d*]imidazol-4-yl]pentansäure eine Formel mit der vollständigen Spezifizierung der Konfiguration von Biotin (Vitamin H).

? **120**

Überführen Sie in der Formel von Rodorubicin (wirkt zytostatisch) die in der Haworth-Projektion dargestellten Gruppen in eine planare Projektion der Ringsysteme, in denen die Substituenten mit keilförmigen Bindungen dargestellt sind (Mills-Darstellung).

? **121**

Wieviele Sätze chemisch äquivalenter Wasserstoffatome enthalten die nachfolgend abgebildeten Verbindungen? Zeichnen Sie dazu aus den gegebenen Konstitutionsformeln zuerst die Stereoformeln aller möglichen Konfigurationsisomere.

a)   b)   c)

? **122**

Welche Produkte erhalten Sie bei der Reaktion von Benzaldehyd und Butanon unter Einsatz von Base (NaH, Zimmertemperatur). Zeichnen Sie die Formeln der Reaktionsprodukte räumlich eindeutig in der Newman-Projektion. Wählen Sie dazu die Konformation, in der die Phenyl- und Carbonylgruppe antiperiplanar zueinander stehen.

❓ 123

Welche stereogene Einheit enthält 1-(Brommethyl)-4-[chlor(methoxy)-methyliden]cyclohexanol? Bestimmen Sie die absolute Konfiguration des abgebildeten Isomers.

❓ 124

Ermitteln Sie die Symmetriepunktgruppe von $[Fe_2(CO)_9]$.

❓ 125

Beschreiben Sie die Eliminierung mit Hilfe einer Base am Beispiel der nachfolgend abgebildeten deuterierten Moleküle und charakterisieren Sie die entstehenden Olefine mit geeigneten Stereodeskriptoren. (Bedenken Sie, daß sowohl Wasserstoff- als auch Deuteriumatome abstrahiert werden können.)

❓ 126

Zeichnen Sie die Formeln der chiralen Konformationen von 2-Chlorethanol und benennen Sie diese. Wählen Sie Sägebockformeln zur Darstellung.

? 127

Spezifizieren Sie die Konfiguration der Chiralitätszentren in der Formel des Antimalariamittels Cinchonin.

? 128

Im ^{1}H-NMR-Spektrum von Thiophen-3-carbamid finden Sie bei Zimmertemperatur fünf Signale. Geben Sie dafür eine Begründung an.

? 129

Welche Produkte entstehen, wenn 1-Methylcyclopenta-1,3-dien als Dien und Maleinsäureanhydrid als Dienophil verwendet werden?

? 130

[(1RS,2RS,4RS)-1,7,7-Trimethylbicyclo[2.2.1]heptan-2-yl]acetat ist ein Hyperämisierungsmittel. Zeichnen Sie die Struktur(en).

? 131

Zeichnen Sie die Formel von cis-1-[(R)-sec-Butyl]-2-methylcyclohexan in der energieärmsten Sesselkonformation. Wieviele Isomere gibt es?

? 132

Welche stereogene Einheit enthält folgendes Adamantanderivat? Bestimmen Sie deren Konfiguration.

? 133

Zeichnen Sie die Formel von (*SP*-4-1)-Bis(glycinato-*N,O*)platin(II). (Hinweis: Glycinat ist das Anion der Aminosäure Glycin [Aminoessigsäure].)

? 134

Für eine Reaktion benötigen Sie (*S*)-Pentan-2-amin. Zur Verfügung haben Sie jedoch nur die beiden Enantiomere des entsprechenden Alkohols, (*R*)- und (*S*)-Pentan-2-ol. Wie könnten Sie daraus das gewünschte Amin herstellen?

? 135

Zeichnen Sie die antiperiplanare Konformation von *erythro*-3-Chlor-2-hydroxybutansäure in der Newman-Projektion.

? 136

Zeichnen Sie die Formel von 2,2-Dichlor-1,1-difluor-4,4-dimethylcyclohexan entlang der C1-C2- und der C5-C4-Bindung in der Newman-Projektion. Setzen Sie voraus, daß die Verbindung in der Sesselkonformation vorliegt.

? 137

Geben Sie alle Epimere von (2*R*,4a*R*,8a*R*)-Decahydronaphthalen-2-ol an und zeichnen Sie die Formeln in der Sesselform.

? 138

Zeigen Sie, daß der Ethylendiamintetraacetat-Komplex von Ca^{2+} die Symmetriepunktgruppe C_2 besitzt. Geben Sie einen geeigneten Stereodeskriptor an.

? 139

Welche Konfiguration hat *sn*-Glycerol-3-phosphat im *R/S*-System?

? 140

Der Vasopeptidase-Hemmer Omapatrilat wird als reines Stereoisomer mit dem systematischen Namen (4*S*,7*S*,10a*S*)-5-Oxo-4-{[(2*S*)-3-phenyl-2-sulfanylpropanoyl]amino}octahydropyrido[2,1-*b*][1,3]thiazepin-7-carbonsäure verwendet. Zeichnen Sie die Formel mit der vollständigen Spezifizierung der Konfiguration. Welche Aminosäure ist in dem Molekülgerüst enthalten?

❓ 141

Zeichnen Sie die Formel von (R,R)-3-Chlor-4-fluor-1,1-dimethylcyclohexan in der Newman-Projektion entlang der C6-C1- und der C4-C3-Bindung (Fluor und Chlor sollen antiperiplanar zueinander stehen).

❓ 142

Geben Sie einen eindeutigen Stereodeskriptor für das Anion dieser Verbindung an.

❓ 143

Bestimmen Sie die Konfiguration des nachfolgend abgebildeten Moleküls.

❓ 144

Es konnte gezeigt werden, daß die Kupplung des Ethylphosphinates **A** mit 5'-Azido-2'-methoxy-5'-desoxythymidin (**B**) zum entsprechenden Phosphonamidat unter Retention der Konfiguration am Phosphoratom verläuft. Bestimmen Sie die Konfiguration von Edukt und Produkt.

A   **B**

❓ 145

Welche Konfiguration besitzt die abgebildete Verbindung?

❓ 146

Das Gastroprokinetikum Renzaprid (5-HT$_3$-Rezeptor-Antagonist und 5-HT$_4$-Rezeptor-Agonist) liegt als Racemat *endo*-substituierter Verbindungen vor. Zeichnen Sie die Formeln der beiden Isomere.

? 147

Untersuchen Sie, ob Enniatin B (der Wirkstoff hat antiretrovirale Aktivität) chiral ist, und bestimmen Sie dessen Symmetriepunktgruppe.

? 148

Welches Diastereomer von 1,3-Dichlorcyclopentan zeigt im ^{1}H-NMR-Spektrum ein Intensitätsverhältnis der Signale von $1:1:1:1$?

? 149

Bestimmen Sie, ob der Appetitzügler Levofacetoperan *threo-* oder *erythro-* Konfiguration besitzt.

❓ 150

Bestimmen Sie die Konfiguration der stereogenen Einheiten von Rifaximin, einem Rifamycin-Antibiotikum, das bei Enzephalopathie angewandt wird.

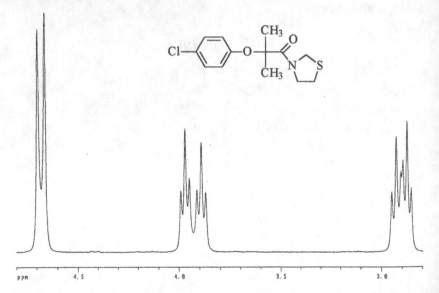

❓ 151

Für das nachfolgend abgebildete 1,3-Thiazolidin-Derivat der Clofibrinsäure erhält man im ^{1}H-NMR-Spektrum (300 MHz, CDCl$_3$, Zimmertemperatur) außer zwei Dubletts für die aromatischen Protonen und einem scharfen Singulett (1,61 ppm) für die Methylgruppen im Bereich zwischen 2 und 5 ppm das im abgebildeten Ausschnitt des Spektrums zu sehende Signalmuster. Geben Sie eine Erklärung für das Erscheinungsbild.

? 152

Welche Produkte erwarten Sie bei der Reaktion der nachfolgend abgebildeten Verbindung mit Lithium-[dimethyl(phenyl)silyl]iodidocuprat(I)? Geben Sie deren Konfiguration an.

? 153

Geben Sie die Konfiguration der Chiralitätszentren des ACE-Hemmers Fosinopril an.

? 154

Zeichnen Sie die Formeln der isomeren Dichlorcyclopropane und machen Sie eine Vorhersage über die Intensitätsverhältnisse der Signale im ^{1}H-NMR-Spektrum. Vergleichen Sie Ihre Antwort mit den Ergebnissen einer Bestimmung der Symmetrieelemente und Punktgruppen.

❓ 155

Beschreiben Sie die stereogenen Einheiten der nachfolgend abgebildeten Moleküle mit den entsprechenden Stereodeskriptoren und geben Sie an, welche Art von Isomerie bei diesen Verbindungen möglich ist.

a)

b)

c)

d)

e)

❓ 156

Welche Symmetriepunktgruppe besitzt die Verbindung mit nachfolgend abgebildeter Formel? Bestimmen Sie dazu zuerst die Konfiguration an den Chiralitätszentren. Nehmen Sie ggf. das Flußdiagramm im Anhang zu Hilfe.

❓ 157

Beschreiben Sie die Konfiguration des nachfolgend abgebildeten Moleküls mit den entsprechenden Stereodeskriptoren.

❓ 158

Zeichnen Sie die Formel von 2-Methyl-2-(3-oxobutyl)cyclopentan-1,3-dion und bestimmen Sie die Prochiralitätszentren und die Topizitäten der Wasserstoffatome.

❓ 159

Aus racemischem 2-Methylbutanal und Blausäure werden Cyanhydrine gebildet. Welche Produkte entstehen bevorzugt?

❓ 160

Welche Symmetriepunktgruppe besitzt die Verbindung mit nachfolgend abgebildeter Formel? Bestimmen Sie dazu zuerst die Konfiguration an den Chiralitätszentren. Nehmen Sie ggf. das Flußdiagramm im Anhang zu Hilfe.

❓ 161

Mit Hilfe einer chiralen Base ist es möglich, aus der abgebildeten Verbindung enantioselektiv das Lithiumenolat zu bilden. Welche Konfiguration und welchen Enantiomerenüberschuß hat das daraus in zwei Stufen gebildete α,β-ungesättigte Keton, wenn die Base zu 92 % an der *pro-R*-Gruppe angreift?

❓ 162

Zeichnen Sie die Formel von (*S*)-2-Methoxytetrahydropyran in der energetisch günstigsten Sesselform und begründen Sie Ihre Antwort.

? 163

Wieviele Stereoisomere entstehen bei der unselektiven Reduktion dieses substituierten Cyclobutandions mit LiAlH$_4$? Beschreiben Sie die Topizitäten der Wasserstoffatome in Position 1 und 3 der Reaktionsprodukte.

? 164

Ermitteln Sie die Symmetriepunktgruppe von [Co$_4$(CO)$_{12}$].

? 165

Wieviele Produkte erwarten Sie, wenn Sie (2E,4Z)-Hexa-2,4-dien und 2-Methoxycyclohexa-2,5-dien-1,4-dion miteinander reagieren lassen? In welchem Isomerenverhältnis stehen die resultierenden Produkte zueinander?

? 166

Bestimmen Sie die absolute Konfiguration und die Zahl der möglichen Stereoisomere der hier abgebildeten Verbindung.

? **167**

Steht die Methoxygruppe in der abgebildeten Verbindung axial oder äquatorial? Leiten Sie Ihre Antwort aus der Konfiguration der Verbindung ab.

? **168**

(S)-2,3,3-Trimethylbutanal wird mit Propylmagnesiumbromid in einer Grignard-Reaktion umgesetzt. Welches Hauptprodukt erwarten Sie?

? **169**

Bestimmen Sie die Konfiguration der stereogenen Einheiten des Antipsoriatikums Calcipotriol und die Anzahl der theoretisch möglichen Stereoisomere mit dieser Konstitution.

? **170**

Welches Produkt erhält man bei der Umsetzung von 1-Methylcyclopenten mit Natriumborhydrid in Gegenwart von Essigsäure und nachfolgender Oxidation mit alkalischer Wasserstoffperoxid-Lösung? Bestimmen Sie auch die Konfiguration der Zwischenprodukte.

? **171**

Beschreiben Sie die stereogenen Einheiten der nachfolgend abgebildeten Moleküle mit den entsprechenden Stereodeskriptoren.

a)

b)

c)

d)

e)

f)

? **172**

Die Umsetzung des Tetrabutylammonium-Salzes von cAMP mit 4-(Brommethyl)-2H-chromen-2-on liefert zwei Produkte, die sich durch axiale bzw. äquatoriale Stellung des neuen Substituenten am Phosphoratom unterscheiden. In welchem Isomerenverhältnis stehen sie zueinander? Bestimmen Sie die Konfiguration aller Chiralitätszentren der beiden Produkte.

cAMP

❓ 173

Bestimmen Sie, welche Symmetrieelemente *meso*-Weinsäure besitzt.

❓ 174

Ist der NMDA-Rezeptor-Antagonist Memantin chiral?

❓ 175

Ordnen Sie die ^{1}H-NMR-Spektren mit Hilfe der Intensitätsverhältnisse der Signale von 1:1:1 und 2:2:2:1:1:1 den beiden Diastereomeren von 1,3,5-Trichlorcyclohexan zu.

❓ 176

Ist das Antiparkinsonmittel Tropatepin chiral?

❓ 177

Bestimmen Sie von den nachfolgend genannten Borwasserstoffverbindungen die Symmetrieelemente und geben Sie die resultierenden Punktgruppen an. Die numerierten Kugelsymbole an den Polyederecken in den Formelabbildungen repräsentieren Boratome mit entsprechender Anzahl daran gebundener Wasserstoffatome.

a) B_5H_9

b) B_4H_{10}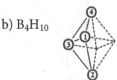

c) B_6H_{10} d) B_5H_{11}

❓ 178

Kinetische Daten legen nahe, daß die alkalische Hydrolyse der hier abgebildeten Verbindung als S_N2-Reaktion verläuft. Welche Konfiguration haben das Edukt und das entstehende Sulfoximin?

❓ 179

Ermitteln Sie die Symmetriepunktgruppe von $[(PdCl_2)_6]$.

❓ 180

Bestimmen Sie die absolute Konfiguration der Chiralitätszentren des Antibiotikums Doxycyclin.

? 181

Zeichnen Sie die Formeln der beiden Pyranosen, die bei der Ringschlußreaktion (Halbacetalbildung) von D-Idose entstehen. Untersuchen Sie anschließend, in welchem Isomerenverhältnis diese zu den entsprechenden
Reaktionsprodukten der L-Idose stehen. Überprüfen Sie Ihr Ergebnis durch
Bestimmung der Konfiguration der Chiralitätszentren nach der R/S-No-
menklatur.

$$
\begin{array}{c}
\text{H} \diagup \!\!\! \text{O} \\
\text{HO} \!\!-\!\!\!- \text{H} \\
\text{H} \!\!-\!\!\!- \text{OH} \\
\text{HO} \!\!-\!\!\!- \text{H} \\
\text{H} \!\!-\!\!\!- \text{OH} \\
\text{OH}
\end{array}
$$

? 182

Zeigen Sie, daß $[CoCl_2(en)_2]$ (en = Ethan-1,2-diamin) racemisch vorliegen
kann. Ermitteln Sie die Symmetriepunktgruppe jedes Isomers und geben
Sie eindeutige Stereodeskriptoren an.

? 183

Aus welchen Pyranosen kann das abgebildete Osazon durch Umsetzung
mit Phenylhydrazin synthetisiert werden?

? 184

Das Muskelrelaxans Mivacuriumchlorid ist ein Gemisch aus Stereoisomeren. Ermitteln Sie, wieviele Isomere mit dieser Konstitution theoretisch möglich sind.

? 185

Ermitteln Sie die Symmetriepunktgruppe der folgenden idealisierten Darstellung der Struktur von Kupfer(I)-benzoat. (Nehmen Sie dazu weiterhin an, daß die Ebenen der Phenylringe parallel zu den Ebenen der Carboxygruppen liegen.)

❓ 186

Beschreiben Sie die Konfiguration von 1,6-Dibrom-3,6-dichloradamantan eindeutig und geben Sie an, wieviele Stereoisomere existieren und welcher Punktgruppe sie angehören.

❓ 187

Welche stereogenen Einheiten besitzt Vancomycin? Bestimmen Sie deren Konfiguration.

❓ 188

Aus Verbindung **A** kann in 5 Stufen mit Standardreaktionen Verbindung **B** hergestellt werden. Beschreiben Sie die einzelnen Schritte der Synthese, bestimmen Sie von jedem Zwischenprodukt die absolute Konfiguration und geben Sie an, ob die Reaktion unter Inversion oder Retention verlaufen ist.

A   5 Stufen →   **B**

❓ 189

Entwerfen Sie eine Synthese für die reinen Enantiomere (*R*)- und (*S*)-Methyloxiran.

❓ 190

Entwerfen Sie eine Synthese für den Monoaminoxidasehemmer Tranyl-cypromin (*rac*-**A**).

A

❓ 191

Entwerfen Sie eine Synthese für das wirksame *S*-Enantiomer des noch immer als Racemat vertriebenen β-Rezeptorenblockers Propranolol.

Lösungen

❶ 1

a) **Chiralität** ist die Eigenschaft eines Gegenstandes, z. B. eines Moleküls, mit einem spiegelbildlichen Gegenstand nicht zur Deckung gebracht werden zu können.

b) Die **Konstitution** einer Verbindung ist die Anzahl und Art ihrer Atome sowie die Reihenfolge der Verknüpfung der Atome und die jeweilige Bindungsordnung. Eine Information über die räumliche Ausrichtung ist darin nicht enthalten.

c) Die **Konfiguration** ist die räumliche Anordnung von Atomen oder Atomgruppen innerhalb eines Moleküls, soweit sie von Rotationen um Einfachbindungen nicht beeinflußt wird.

d) Die **Konformation** ist die sich durch Rotation um Einfachbindungen ergebende exakte räumliche Anordnung von Atomen oder Atomgruppen einer Verbindung gegebener Konstitution und Konfiguration. Von den unendlich vielen Konformationen eines Moleküls werden lediglich die Konformationsisomere, denen eindeutig Energieminima zugeordnet werden können, als **Konformere** bezeichnet.

e) **Stereoisomere** sind Isomere gleicher Konstitution, die sich aber in der räumlichen Anordnung ihrer Atome unterscheiden. Man kann sie in Konfigurationsisomere und Konformationsisomere einteilen. In beiden Fällen sind sie entweder Enantiomere oder Diastereomere.

❶ 2

Es gibt neun Konstitutionsisomere mit der Summenformel C_3H_6O, von denen zwei in je zwei stereoisomeren Formen existieren, so daß die Gesamtzahl der Isomere elf lautet. Die beiden Methyloxirane, **A** und **B**, sind Enantiomere, die getrennt isoliert werden können und stabil – allerdings leicht flüchtig – sind. Aceton (**C**) steht in einem Tautomerengleichgewicht mit seinem Enol (Propen-2-ol, **D**). Auch die beiden zueinander diastereomeren Verbindungen (*E*)- und (*Z*)-Prop-1-en-1-ol (**E** bzw. **F**) stehen als Enole über den zu ihnen tautomeren Aldehyd, Propanal oder Propionaldehyd (**G**), miteinander im Gleichgewicht. Die übrigen Isomere sind Methoxyethen (Methyl-vinyl-ether; **H**), Prop-2-en-1-ol (Allylalkohol; **J**), Oxetan (**K**) und Cyclopropanol (**L**).

3

Die **absolute Konfiguration** ist die tatsächliche räumliche Anordnung von Atomen oder Gruppen um eine stereogene Einheit einer chiralen Verbindung. Sie wird durch geeignete **Stereodeskriptoren** angegeben.

Die in der Regel verwendeten Stereodeskriptoren zur Beschreibung der beiden möglichen Anordnungen an tetraedrisch oder trigonal-pyramidal koordinierten Chiralitätszentren lauten R und S. Die absolute Konfiguration von Chiralitätszentren anderer Koordinationsgeometrie wird mit Hilfe der Stereodeskriptoren A und C angegeben. Für Chiralitätsachsen werden die Deskriptoren R_a und S_a und für Chiralitätsebenen R_p und S_p verwendet. Helicale Chiralität wird mit Hilfe der Deskriptoren M und P oder, im Falle von Koordinationsverbindungen, Δ und Λ spezifiziert. Die absolute Konfiguration der Aminosäuren und Kohlenhydrate wird gewöhnlich mit den als Kapitälchen gesetzten Stereodeskriptoren D und L angegeben. Für die Ringsysteme von Steroiden und einer Reihe weiterer Naturstoffe wird die absolute Konfiguration mit den Stereodeskriptoren α und β beschrieben.

❗ 4

Nach dem CIP-System ergibt sich für die an das Chiralitätszentrum gebundenen Atome die Rangfolge O > C(O,O,(O)) > C(C,H,H) > H. Das rangniedrigste Atom, das Wasserstoffatom, ist in der Formel bereits vom Betrachter weg gerichtet. So kann aus der Formel direkt abgelesen werden, daß die übrigen drei Gruppen in der Reihenfolge ihrer Priorität für den Betrachter gegen den Uhrzeigersinn angeordnet sind. Bei dem abgebildeten Isomer handelt es sich folglich um (S)-2-Hydroxybernsteinsäure (früher als L-Äpfelsäure bezeichnet), das im Citronensäure-Zyklus durch Fumarat-Hydratase (Fumarase) aus Fumarsäure gebildete Isomer.

❗ 5

a) **Enantiomerie** ist das Phänomen, daß zwei nicht deckungsgleiche Objekte, z. B. Moleküle, sich spiegelbildlich zueinander verhalten. Zwei solche Moleküle nennt man **Enantiomere** (oder Spiegelbildisomere). Beispiele sind (+)- und (−)-Weinsäure oder D- und L-Alanin (die Konfiguration eines dieser Enantiomere können Sie in Aufgabe 7 bestimmen).

b) **Diastereomere** sind Isomere, die konstitutionell gleich sind und sich nicht spiegelbildlich zueinander verhalten. Beispiele sind Fumarsäure und Maleinsäure, Glucose und Mannose sowie (OC-6-21)- und (OC-6-22)-Triammintrinitrocobalt(III).

OC-6-21 OC-6-22

c) Ein **Racemat** ist ein äquimolares und damit optisch inaktives Gemisch von Enantiomeren. Beispiele sind (*RS*)-Methyloxiran, *rac*-1-Phenylethanol, DL-Alanin, der Arzneistoff Debropol (siehe Aufgabe 25) oder Traubensäure, das 1 : 1-Gemisch von (+)- und (–)-Weinsäure.

d) **Epimere** sind Diastereomere, die an genau einem Chiralitätszentrum entgegengesetzte absolute Konfiguration aufweisen. Ein Beispiel ist der Thrombozytenaggregationshemmer Iloprost, der als Gemisch der beiden Epimere eingesetzt wird.

6

(*R*)-Carvon und (*S*)-Carvon sind Enantiomere und unterscheiden sich in der optischen Drehung, im Zirkulardichroismus und im Geruch. Das linksdrehende (*R*)-Carvon riecht nach grüner Minze (*Mentha spicata*, engl.: Spearmint) und (*S*)-(+)-Carvon nach Kümmel.

7

Nach dem CIP-System ergibt sich für die an das Chiralitätszentrum gebundenen Atome die Rangfolge N > C(O,O,(O)) > C(H,H,H) > H. Das gezeigte Enantiomer ist damit das in der Natur kaum vorkommende (*R*)-Alanin, auch als D-Alanin bezeichnet.

❗ 8

a) **Symmetrieelemente** sind Untergruppen der Symmetriegruppe eines Objektes, z. B. eines Moleküls. Jedes Symmetrieelement umfaßt eine bestimmte Art und Anzahl von Symmetrieoperationen, die das Objekt in eine deckungsgleiche Anordnung überführen. Die internen Symmetrieelemente, die in Molekülen vorkommen, sind Drehachsen sowie die Symmetrieelemente der zweiten Art: Spiegelebenen, Inversionszentrum und Drehspiegelachsen. Die Gesamtheit der Symmetrieelemente eines Moleküls ist die **Punktgruppe**.

b) Eine **Mesoverbindung** ist ein achirales Diastereomer aus einem Satz von Stereoisomeren, der auch chirale Isomere enthält. Sie enthält mindestens ein Symmetrieelement zweiter Art (häufig eine Spiegelebene), das enantiomorphe Molekülteile aufeinander abbildet.

❗ 9

Lovastatin hat acht Chiralitätszentren. Deren Konfiguration können Sie in Aufgabe 110 bestimmen.

❗ 10

a) Als **Mutarotation** bezeichnet man die Änderung des Drehwertes einer Verbindung für linear polarisiertes Licht mit der Zeit. Ursache ist stets eine teilweise oder vollständige Umwandlung einer chiralen Verbindung in eine andere Verbindung mit unterschiedlicher Konfiguration und/oder Konstitution.

b) Eine Reaktion verläuft **enantioselektiv**, wenn eines der beiden enantiomeren Produkte bevorzugt gebildet wird.

c) Der Begriff **Retention** bezeichnet den Beibehalt der räumlichen Anordnung von Atomen oder Atomgruppen an einem Chiralitätszentrum relativ zu einer Bezugsgruppe, beispielsweise im Zuge einer nukleophilen Substitution, bei der die substituierte Gruppe als Bezugsgruppe gilt.

d) Eine **stereogene Einheit** ist eine Struktureinheit in einem Molekül, die Anlaß für das Auftreten von Stereoisomeren ist. Die bekanntesten stereogenen Einheiten sind Chiralitätszentren und Chiralitätsachsen, daneben Chiralitätsebenen und Pseudochiralitätszentren. Aber auch Doppelbindungen oder Ringe mit geeignet angeordneten Prochiralitätszentren können stereogene Einheiten sein.

❗ 11

Ein Molekül ist **chiral**, wenn es mit dem spiegelbildlichen Molekül nicht zur Deckung gebracht werden kann. Voraussetzung dafür ist, daß es keine Symmetrieelemente der zweiten Art enthält.

❗ 12

a) **Atropisomere** sind Konformere, die wegen eingeschränkter Drehbarkeit um eine Einfachbindung getrennt isolierbar sind. Sie besitzen eine Chiralitätsachse, deren Konfiguration mit den Stereodeskriptoren R_a (seltener M) und S_a (seltener P) beschrieben wird.

b) **Anomere** sind Epimere (Diastereomere), die sich in der absoluten Konfiguration am **anomeren Zentrum** unterscheiden, einem Chiralitätszentrum, das bei der Bildung des cyclischen Halbacetals aus dem Carbonylkohlenstoffatom eines Kohlenhydrates oder einer analogen Verbindung entsteht. Die Konfiguration am anomeren Zentrum wird mit Hilfe der Stereodeskriptoren α und β relativ zum **anomeren Bezugsatom** angegeben. Das anomere Bezugsatom ist bei den üblichen Kohlenhydraten (Triosen bis Hexosen) identisch mit dem, das über die Zugehörigkeit zur D- oder L-Reihe entscheidet.

❗ 13

a) Von **Stereoselektivität** spricht man, wenn in einer chemischen Reaktion ein Stereoisomer oder eine Gruppe von wenigen Stereoisomeren der möglichen stereoisomeren Produkte bevorzugt oder gar ausschließlich gebildet wird.

b) Als **stereospezifisch** wird eine chemische Reaktion bezeichnet, wenn in ihr aus stereoisomeren Edukten stereoisomere Produkte entstehen. Bei Kenntnis der Konfiguration des Eduktes kann das Produkt einer stereospezifischen Reaktion vorhergesagt werden.

⊕ 14

Bei der Bestimmung der absoluten Konfiguration des Cysteins ist darauf zu achten, daß Schwefel Vorrang vor Sauerstoff hat, da er die höhere Ordnungszahl besitzt. Nach dem CIP-System ergibt sich damit für die Atome am Chiralitätszentrum die Rangfolge N > C(S,H,H) > C(O,O,(O)) > H. Damit ist L-Cystein R-konfiguriert – im Gegensatz zu den übrigen Standard-L-Aminosäuren, die S-konfiguriert sind.

⊕ 15

a) Der Begriff **Inversion** ist je nach Zusammenhang mit verschiedenen Bedeutungen belegt. Hauptsächlich wird er zur Beschreibung des sterischen Verlaufs von Substitutionsreaktionen verwendet, wenn man ausdrücken will, daß sich die Anordnung von Atomen oder Atomgruppen an einem Chiralitätszentrum relativ zur ausgetauschten Gruppe umkehrt.

Als Inversion wird auch die gegenseitige Umwandlung der beiden Sesselkonformationen eines sechsgliedrigen Ringes bezeichnet.

Auch das Durchschwingen des Zentralatoms einer trigonal-pyramidalen Struktur durch die Ebene, die von den an dieses Atom gebundenen Gruppen aufgespannt wird, bezeichnet man als Inversion.

b) Als **prochiral** wird ein achirales Molekül bezeichnet, wenn es durch eine einzige Transformation (chemische Reaktion) in ein chirales Molekül umgewandelt werden kann.

c) Die **Topizität** ist die räumliche Beziehung zwischen konstitutionell und konfigurativ identischen (homomorphen) Atomen oder Atomgruppen innerhalb eines Moleküls. Man unterscheidet homotope und heterotope Gruppen oder Seiten. Letztere werden weiter in enantiotope und diastereotope Gruppen oder Seiten eingeteilt und können durch die Stereodeskriptoren *pro-R*, *pro-S*, *pro-r*, *pro-s*, *Re*, *Si*, *re*, *si*, *pro-E* und *pro-Z* spezifiziert werden.

⊕ 16

Butanon hat zwei Prochiralitätszentren, die sich an den Kohlenstoffatomen 2 und 3 befinden.

17

Die **relative Konfiguration** eines Moleküls ist die räumliche Anordnung von Atomen oder Gruppen relativ zu anderen Gruppierungen desselben Moleküls und bleibt im Gegensatz zur absoluten Konfiguration bei Spiegelung unverändert. Es gibt eine Reihe von Stereodeskriptoren zur Beschreibung der relativen Konfiguration, von denen die meisten gleichermaßen für ein reines Enantiomer oder für ein Racemat verwendet werden können, z. B. *cis* und *trans* für zwei Substituenten an einem Ring oder *r*, *c* und *t*, falls mehr als zwei Substituenten an den Ring gebunden sind, *syn*, *anti*, *endo* und *exo* zur Beschreibung der Orientierung von Substituenten an bicyclischen Systemen. Für Verbindungen mit genau zwei Chiralitätszentren gibt es die Stereodeskriptoren *l* und *u*, die gleiche bzw. unterschiedliche absolute Konfiguration an den beiden Chiralitätszentren anzeigen, sowie die Deskriptoren *erythro* und *threo*, die die Orientierung zweier Gruppen einer eindeutig in der Fischer-Projektion darstellbaren Verbindung angeben.

Soll ausdrücklich ein reines Enantiomer unbekannter absoluter Konfiguration beschrieben werden, verwendet man die Stereodeskriptoren R^* und S^* oder *rel.*

Von relativer Konfiguration spricht man auch beim Vergleich verschiedener Verbindungen, die sich nur in einem Substituenten an einer stereogenen Einheit unterscheiden, z. B. Edukt und Produkt im Zuge einer nukleophilen Substitution. Relative Konfiguration ist hier auf die ausgetauschte Gruppe oder auf die im Molekül verbleibenden Gruppen bezogen.

18

Die ekliptische Konformation, in der die beiden Hydroxygruppen einander verdecken, nennt man synperiplanar (*sp*). Wenn man nun die weiter vom Betrachter entfernte Hydroxygruppe im Uhrzeigersinn um die C-C-Bindungsachse dreht, gelangt man über das gestaffelte +synclinale (+*sc*) Konformer und die wieder ekliptische +anticlinale (+*ac*) Konformation zum antiperiplanaren (*ap*) Konformer. Die weitere Drehung führt über die –anticlinale und –synclinale zurück zur synperiplanaren Konformation. Die synclinalen Konformationen werden auch als gauche-Konformationen bezeichnet. Alle nicht exakt ekliptischen oder gestaffelten Konformationen, von denen zwei ebenfalls exemplarisch gezeigt sind, werden als schief bezeichnet. Die schiefen Konformationen erhalten den Deskriptor derjenigen Konformation, der sie am nächsten kommen.

ekliptisch   schief   gestaffelt   ekliptisch

sp   +*sc*   +*ac*

gestaffelt   schief   ekliptisch   gestaffelt

−*sc*   −*ac*   *ap*

❗ 19

Ein **Pseudochiralitätszentrum** liegt an einem tetraedrisch substituierten Atom vor, wenn zwei der Substituenten konstitutionell gleich sind, aber entgegengesetzten Chiralitätssinn aufweisen (enantiomorph sind). Dabei gilt, daß eine *R*-konfigurierte Gruppe Priorität vor einer *S*-konfigurierten hat. Damit läßt sich die Konfiguration des Pseudochiralitätszentrums nach der Sequenzregel bestimmen. Als Deskriptoren werden im Unterschied zu Chiralitätszentren für Pseudochiralitätszentren *r* und *s* verwendet.

❗ 20

a) Die Deskriptoren *Re* und *Si* werden zur Bezeichnung der beiden heterotopen Seiten eines trigonal-planaren Prochiralitätszentrums mit drei konstitutionell unterschiedlichen Gruppen verwendet. Demnach sind bei (*R*)-3-Chlorbutan-2-on die Deskriptoren *Re* und *Si* zu verwenden. In der nachfolgend abgebildeten Formel schaut man auf die *Si*-Seite.

b) Die Deskriptoren *re* und *si* dienen der Kennzeichnung der beiden Seiten, wenn zwei der drei an ein solches Prochiralitätszentrum gebundenen Gruppen enantiomorph sind. Bei (2*R*,4*S*)-2,4-Dichlorpentan-3-on ist dem Betrachter in der folgenden Formel die *re*-Seite zugewandt.

❗ 21

Adrafinil hat ein Chiralitätszentrum, da das Schwefelatom der Sulfinylgruppe noch ein freies Elektronenpaar trägt und folglich *R*- oder *S*-konfiguriert sein kann. Im *S*-Enantiomer zeigt das Elektronenpaar, das nach den Sequenzregeln die niedrigste Priorität hat, in der gezeigten Formel zum Betrachter hin. Die Rangfolge der an das Schwefelatom gebundenen Gruppierungen lautet demnach O > C(C,C,H) > C(C,H,H) > e⁻. Spiegelt man die Formel, erhält man die Formel des *R*-Isomers. Zu beachten ist, daß ein Sulfoxid mit zwei unterschiedlichen Resten immer ein Chiralitätszentrum hat, da das Schwefelatom nicht durch die Ebene hindurchschwingen kann.

❗ 22

Bei einem Enantiomerenüberschuß von ee = 85 % enthält das Produkt neben 85 % reinem Enantiomer noch 15 % Racemat. Das sind hier 150 mg, die wiederum je zur Hälfte aus den beiden Enantiomeren bestehen. Folglich werden 75 mg = 0,075 g (+)-Enantiomer abgetrennt. Die Aufgabe ist auch durch Einsetzen in die Gleichung

$$\% \text{ ee} = \frac{\left| [E_1] - [E_2] \right|}{[E_1] + [E_2]} \cdot 100$$

zu lösen. Es handelt sich dabei um eine Gleichung mit zwei Unbekannten. Ihre Lösung gelingt mit der Randbedingung

$$[E_1] + [E_2] = 1$$

als zweiter Gleichung. Im nachfolgend dargestellten Lösungsweg sind zur Vereinfachung die Einheiten weggelassen und es wird vorausgesetzt, daß E_1 das im Überschuß vorhandene (–)-Enantiomer ist, um auch auf die Betragszeichen verzichten zu können.

$$85 = \frac{E_1 - E_2}{E_1 + E_2} \cdot 100$$

$$\frac{85}{100} = \frac{E_1 - E_2}{1}$$

$$0{,}85 = E_1 - E_2$$

$$E_2 + 0{,}85 = E_1$$

$$E_2 = E_1 - 0{,}85$$

$$E_2 = 1 - E_1 \quad \text{(Randbedingung)}$$

$$2E_2 = 1 - 0{,}85$$

$$E_2 = \frac{1 - 0{,}85}{2} = 0{,}075$$

Die letzte Zeile dieses Lösungsweges entspricht mit der Gleichung

$$[E_2] = \frac{1 - ee}{2}$$

dem eingangs in Worten formulierten Lösungsansatz.

(–)-Ethyllactat ist der Ethylester der (+)-Milchsäure.

(+)-Milchsäure   (–)-Milchsäureethylester

! 23

Die isomeren Butene sind But-1-en (mit nur einer Spiegelebene, Symmetriepunktgruppe C_s), (E)-But-2-en (mit einer horizontalen Spiegelebene und einer dazu senkrechten zweizähligen Drehachse sowie einem Inversionszentrum, Symmetriepunktgruppe C_{2h}) und (Z)-But-2-en (mit einer zweizähligen Drehachse und zwei diese Achse enthaltenden Spiegelebenen, Symmetriepunktgruppe C_{2v}). Daneben gibt es noch Isobuten (2-Methylpropen) mit zwei zueinander senkrechten Spiegelebenen und einer in der Schnittgeraden dieser Ebenen liegenden zweizähligen Drehachse (Punktgruppe C_{2v}). Sie können dieses Ergebnis mit Hilfe des Flußdiagramms im Anhang überprüfen.

! 24

2-Methylcyclohexan-1-ol besitzt zwei Chiralitätszentren. Es gibt folglich die $2^2 = 4$ abgebildeten Stereoisomere. **A** und **B** (die *trans*-konfigurierten Isomere) sowie **C** und **D** (die *cis*-konfigurierten Isomere) sind jeweils Enantiomerenpaare. **A** und **B** sind jeweils diastereomer zu **C** und **D**.

! 25

Die Formel zeigt das *R*-Isomer von Debropol. Die Rangfolge der an das Chiralitätszentrum gebundenen Gruppen lautet $Br > NO_2 > CH_2OH > CH_3$. Da die Methylgruppe vom Betrachter weg gerichtet ist, kann die Konfiguration direkt abgelesen werden.

❶ 26

Die Doppelbindung in 2-Cyan-3,4-dimethylpent-2-ensäuremethylester ist Z-konfiguriert, wenn die Substituenten jeweils höherer Priorität an jedem Ende der Doppelbindung auf derselben Seite liegen (hier die Estergruppe und die Isopropylgruppe).

$$H_3C-\overset{\overset{\displaystyle CH_3}{|}}{C}H-\overset{\overset{\displaystyle }{||}}{\underset{\underset{\displaystyle }{}}{C}}=\overset{COOCH_3}{\underset{CN}{C}}$$

H₃C— CH₃ COOCH₃ H₃C CN

❶ 27

Fudostein ist ein Derivat des L-Cysteins (siehe Aufgabe 14) und damit R-konfiguriert. Nach dem CIP-System ergibt sich für die an das Chiralitätszentrum gebundenen Atome die Rangfolge N > C(S,H,H) > C(O,O,(O)) > H.

$$HO\diagdown\diagup\diagdown S\diagdown\underset{NH_2}{\overset{R}{C}H}\diagup COOH$$

HO S R COOH NH₂

❶ 28

1-Brompenta-1,2,3-trien ist ein Kumulen mit ungerader Anzahl von Doppelbindungen. Bei diesen lassen sich E- und Z-Isomere unterscheiden, wenn an jedem Ende des ungesättigten Systems unterschiedliche Gruppen (eine davon kann jeweils ein Wasserstoffatom sein) angebracht sind. Da die Konfiguration im gewählten Beispiel Z sein soll, müssen das Bromatom und die Methylgruppe auf derselben Seite des planaren ungesättigten Systems liegen. Folglich hat (Z)-1-Brompenta-1,2,3-trien die nachfolgend abgebildete Formel.

$$\overset{\displaystyle H_3C}{\underset{\displaystyle H}{}}C=C=C\overset{\displaystyle Br}{\underset{\displaystyle H}{}}$$

H₃C Br
  C=C=C
H H

❗ 29

a) (E)-1-Brompropen und (Z)-1-Brompropen sind Konfigurationsisomere (Diastereoisomere).

b) L-Alanin [(S)-2-Aminopropansäure] und β-Alanin (3-Aminopropansäure) sind Konstitutionsisomere.

c) Milchsäure (2-Hydroxypropansäure) und 3-Hydroxybutansäure unterscheiden sich in der Konstitution. (Sie sind jedoch keine Isomere.)

d) $(-)$-Milchsäure und $(+)$-Milchsäure sind Konfigurationsisomere (Enantiomere).

e) 1-Chlorpropen und 2-Chlorpropen sind Konstitutionsisomere.

f) *cis*-2-Chlorcyclohexanol und *trans*-2-Chlorcyclohexanol sind Konfigurationsisomere (Diastereomere).

❗ 30

Von Alitretinoin sind nach der Formel für die formale Maximalzahl der Stereoisomere, $x = 2^n$, $2^4 = 16$ Konfigurationsisomere möglich ($n = 4$ stereogene Einheiten). Das Molekül enthält zwar fünf Doppelbindungen, jedoch ist die Konfiguration an der Doppelbindung im sechsgliedrigen Ring wegen der Ringspannung vorgegeben. Es können also nur die in der Seitenkette gelegenen Doppelbindungen jeweils *E*- oder *Z*-Konfiguration einnehmen.

31

Es gibt von

a) Ethanol keine Konfigurationsisomere,

b) Butan-2-ol zwei Enantiomere,

c) Glycerol keine Konfigurationsisomere,

d) 2,3-Dibrombutan drei Konfigurationsisomere,

e) Acetonoxim keine Konfigurationsisomere,

f) Pent-3-en-2-ol vier Konfigurationsisomere,

g) Pentan-2,3-diol vier Konfigurationsisomere,

h) Pentan-2,4-diol drei Konfigurationsisomere,

i) 3-Brombutan-2-ol vier Konfigurationsisomere,

j) But-2-ensäure zwei Diastereomere,

k) 4-Ethylhepta-2,5-dien vier Konfigurationsisomere [Die beiden Doppelbindungen können gleiche (E,E- oder Z,Z-) oder unterschiedliche Konfiguration haben. Ist die Konfiguration der Doppelbindungen unterschiedlich, wird das Kohlenstoffatom 4 zum Chiralitätszentrum. Es gibt dann zwei Enantiomere. Bei der Bestimmung deren Konfiguration ist zu beachten, daß nach dem CIP-System die Z-konfigurierte Gruppe Vorrang vor der E-konfigurierten Gruppe hat.],

l) Hexa-2,3,4-trien zwei Diastereomere (E- und Z-Isomer).

❗ 32

Bei der gegebenen Sesselform, in der der Ring im Uhrzeigersinn beziffert wird, ist die Überführung in die Fischer-Formel relativ einfach: alle am Ring nach unten gerichteten Gruppen stehen in der Fischer-Projektion nach rechts. Die Hydroxygruppe am anomeren Zentrum steht daher ebenfalls nach rechts. Da sie somit auf derselben Seite wie das Sauerstoffatom am anomeren Bezugsatom steht, das in Galactose wie in den meisten anderen Kohlenhydraten dasjenige ist, das über die Zugehörigkeit zur D- oder L-Reihe entscheidet, liegt im vorliegenden Fall α-Konfiguration vor, die Formel zeigt also α-D-Galactopyranose.

❗ 33

a) Beispiele sind Verbindungen mit einem Chiralitätszentrum und ohne weitere stereogene Einheit, z. B. Milchsäure.

b) Hierzu gehören fast alle Verbindungen mit mehr als einem Chiralitätszentrum, z. B. Weinsäure, Cholesterol oder oktaedrische Koordinationsverbindungen mit mehr als drei verschiedenen Liganden.

c) Beispiele sind 1,4-Dichlorcyclohexan und alle Verbindungen mit stereogenen Einheiten, die keine Chiralität erzeugen, wie Doppelbindungen, z. B. Maleinsäure, oder quadratisch-planare Koordinationsverbindungen (mit ausschließlich achiralen Liganden).

❗ 34

Von Difluorcyclobutan gibt es die sechs abgebildeten Isomere. Die vicinal disubstituierten Verbindungen **B** und **C** (jeweils mit einer zweizähligen Drehachse, Punktgruppe C_2) sind chiral und damit enantiomer zueinander. Die *cis*-konfigurierte Verbindung **D** (mit einer Spiegelebene, Punktgruppe C_s) ist achiral und damit eine Mesoverbindung. Die Verbindungen **A** und **F** (jeweils zwei Spiegelebenen und eine die Schnittgerade beider Ebenen bildende zweizählige Drehachse, Punktgruppe C_{2v}) sowie **E** (eine Spiegelebene, eine dazu senkrechte zweizählige Drehachse und ein Inversionszentrum, Punktgruppe C_{2h}) sind ebenfalls achiral. Sie können dieses Ergebnis mit Hilfe des Flußdiagramms im Anhang überprüfen.

❗ 35

Die Epimere von (2*R*,3*S*)-Bicyclo[2.2.1]heptan-2,3-diol sind (2*R*,3*R*)-Bicyclo[2.2.1]heptan-2,3-diol und (2*S*,3*S*)-Bicyclo[2.2.1]heptan-2,3-diol. Beachten Sie, daß Epimere sich immer nur an einem Chiralitätszentrum in der absoluten Konfiguration unterscheiden. Aus Gründen des Molekülbaus sind jedoch nur zwei Epimere möglich, die Brücke kann immer nur *cis*-verknüpft sein.

! 36

a)

b)

$$
\begin{array}{c}
\overset{2}{\text{COOH}} \\
4\ \text{H}\!-\!\!\!\overset{R}{\underset{}{\mid}}\!\!\!-\text{OCH}_3\ 1 \\
\text{H}_2\text{N}\!-\!\!\!\overset{R}{\underset{1}{\mid}}\!\!\!-\text{H}\ 4 \\
\overset{}{\underset{2}{\text{CHO}}}
\end{array}
\quad\equiv\quad
\begin{array}{c}
\overset{2}{\text{COOH}} \\
4\ \text{H}\!-\!\!\!\overset{R}{\vdots}\!\!\!-\text{OCH}_3\ 1 \\
\text{H}_2\text{N}\!-\!\!\!\overset{R}{\underset{1}{\vdots}}\!\!\!-\text{H}\ 4 \\
\overset{}{\underset{2}{\text{CHO}}}
\end{array}
$$

c)

d)

! 37

a) Am einfachsten ist es, wenn man in beiden Formeln die absolute Konfiguration bestimmt. Sie wird in der Fischer-Formel mit S ermittelt. Das Chiralitätszentrum in der zweiten Verbindung ist R-konfiguriert. Die beiden Verbindungen sind enantiomer zueinander, es handelt sich um L- bzw. D-Alanin. Natürlich ist es auch möglich die Fischer-Projektion zuerst in eine Keilstrichformel umzuwandeln und eine der beiden Formeln dann so lange zu drehen, bis die Spiegelbildlichkeit offensichtlich ist.

b) Zunächst wird eine der beiden Formeln um 120° gedreht und geprüft, ob sie mit der anderen Formel zur Deckung zu bringen ist. Da dies nicht der Fall ist, wird weiterhin geschaut, ob durch Spiegelung eines Isomers beide Verbindungen ineinander überführbar sind. Dies ist möglich, es handelt sich also um Enantiomere. Zur Kontrolle wird die Konfiguration der Chiralitätszentren beider Verbindungen bestimmt, da diese sich bei der Spiegelung invertieren muß.

c) Da es relativ aufwendig ist, die Fischer-Formel durch Drehung im Raum und um Einfachbindungen in eine Formel in der Zick-Zack-Schreibweise zu überführen, wird nach Prüfung der Konstitution die absolute Konfiguration aller Chiralitätszentren in beiden Verbindungen bestimmt und miteinander verglichen. Die beiden Strukturen sind diastereomer zueinander. Es sind die Epimere D-Xylose und L-Arabinose, die sich an Position 4 unterscheiden.

D-Xylose   L-Arabinose

d) Diese beiden Koordinationsverbindungen unterscheiden sich in der Stellung der Bromatome und der Carbonyl-Liganden zueinander. Sie sind daher Diastereomere.

❗ 38

a) (*E*)-1,2-Dichlorethen und (*Z*)-1,2-Dichlorethen sind Diastereomere.

b) (+)-Weinsäure und *meso*-Weinsäure sind Diastereomere.

c) (1*R*,2*S*)-Cyclohexan-1,2-diamin und (1*R*,2*R*)-Cyclohexan-1,2-diamin sind Diastereomere.

d) (1*S*,2*S*)-Cyclohexan-1,2-diamin und (1*R*,2*R*)-Cyclohexan-1,2-diamin sind Enantiomere.

e) α-D-Glucopyranose und β-D-Glucopyranose sind Diastereomere (Epimere, Anomere).

α-D-Glucopyranose   β-D-Glucopyranose

f) α-D-Mannopyranose und α-L-Mannopyranose sind Enantiomere.

α-D-Mannopyranose   α-L-Mannopyranose

❗ 39

Die Reaktion mit dem Moshersäurechlorid ist eine einfache Esterbildung unter Retention der Konfiguration der Chiralitätszentren beider Reaktanden. Da in dem Säurechlorid jedoch das Chloratom substituiert wird, ändert sich dennoch der Deskriptor für das Chiralitätszentrum im Moshersäureteil des Moleküls.

40

a) Acetylen ist ein linear gebautes Molekül. Es besitzt eine unendlich-zählige Drehachse in der Molekülachse und unendlich viele dazu senkrechte zweizählige Drehachsen, die sich in der Mitte des Moleküls schneiden, wo sich auch ein Inversionszentrum befindet. Es gibt ferner eine senkrecht zur Hauptdrehachse gelegene (horizontale) Spiegelebene und unendlich viele (vertikale) Spiegelebenen, die die Molekülachse enthalten. Daraus resultiert die Symmetriepunktgruppe $D_{\infty h}$.

b) H_2O_2 ist gewinkelt und nicht eben mit einem Diederwinkel von etwas über 90°. Es hat als einziges Symmetrieelement eine C_2-Achse, woraus die Symmetriepunktgruppe C_2 resultiert. Dieses kann am besten in einer Newman-Projektion verdeutlicht werden.

c) Der weiße Phosphor besteht aus diskreten P_4-Molekülen. Jeweils drei Phosphoratome spannen ein gleichseitiges Dreieck auf. Am einfachsten läßt sich die Struktur zeichnen, indem die vier Phosphoratome in einander diagonal gegenüberliegende Ecken der Würfelflächen eingezeichnet werden. Als Tetraeder trägt P_4 die Symmetriepunktgruppe T_d. Sie enthält als Symmetrieelemente vier C_3-Achsen, die jeweils durch ein Phosphoratom und die Mitte der gegenüberliegenden Fläche gehen (aus Gründen der Übersichtlichkeit ist stellvertretend für alle vier nur eine in die Formel eingezeichnet) und sechs Spiegelebenen, die in einer Ebene mit den dreizähligen Drehachsen liegen. Die Spiegelebenen enthalten jeweils zwei Tetraederecken und halbieren die gegenüberliegende Kante (P-P-Bindung). Hinzu kommen noch drei zweizählige Drehachsen, die dieselbe Lage wie die drei S_4-Drehspiegelachsen haben. Sie verlaufen durch einander gegen-überliegende Tetraederkantenmitten. Die zwei C_2- und S_4-Achsen, die nicht eingezeichnet sind, liegen orthogonal zu der eingezeichneten Achse.

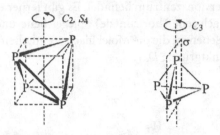

d) Ferrocen besitzt die Symmetriepunktgruppe D_{5d}. Die zugehörigen Symmetrieelemente sind eine fünfzählige Hauptdrehachse C_5, fünf dazu senkrecht liegende Drehachsen C_2, fünf vertikale Spiegelebenen σ_d, die jeweils den Winkel zwischen zwei benachbarten C_2-Achsen halbieren, und eine S_{10}-Drehspiegelachse. Die Drehspiegelachse liegt parallel zur C_5-Hauptdrehachse und setzt sich aus einer Symmetrieoperation C_{10} (Dre-hung um 36°) und anschließender Spiegelung an einer dazu senkrechten Ebene zusammen. Da die beiden Cyclopentadienid-Ringe gegeneinander verdreht sind („die Kohlenstoffatome auf Lücke stehen"), existiert keine horizontale Spiegelebene, hingegen aber ein Inversionszentrum am Eisen-atom.

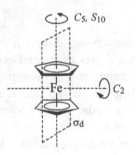

e) Twistan besitzt die Symmetriepunktgruppe D_2. Es hat außer drei paarweise senkrecht zueinander stehenden zweizähligen Drehachsen keine weiteren Symmetrieelemente. Es ist damit chiral und kann in zwei zueinander enantiomeren Formen vorkommen.

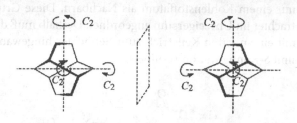

🛈 41

Vedaclidin hat ein S-konfiguriertes Chiralitätszentrum an Position 3 des Bicyclus. Das ergibt sich aus der Rangfolge gemäß dem CIP-System: C(N,(N),C) > C(N,H,H) > C(C,C,H) > H. Da das Wasserstoffatom nach unten gerichtet ist, muß der Betrachter die Anordnung der übrigen Gruppen mit Blick von oben her beurteilen. Bei der abgebildeten Projektion entspricht diese der direkt abzulesenden Anordnung.

Man beachte, daß die Brückenkopfatome 1 und 4 des Chinuclidingerüstes keine Chiralitätszentren sind, da sie je zwei gleiche Reste tragen.

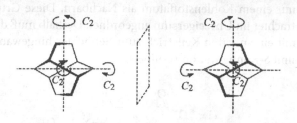

🗨 42

Linezolid besitzt ein Chiralitätszentrum, das sich im Oxazolidin-Ring befindet. Das Sauerstoffatom im Ring hat die höchste Priorität, dann folgt zunächst die Methylengruppe, die das Stickstoffatom mit zwei benachbarten Kohlenstoffatomen trägt, vor der Methylengruppe mit dem Stickstoffatom mit nur einem Kohlenstoffatom als Nachbarn. Diese Gruppen sind für den Betrachter im Uhrzeigersinn angeordnet. Deshalb muß das Wasserstoffatom mit einem fetten Keilstrich zum Betrachter hingewandt ergänzt werden, damit S-Konfiguration resultiert.

🗨 43

a) (Z)-1,2-Dibrom-1-chlor-2-iodethen

b) (R_a)-1,3-Dichlorallen [Eindeutig wäre auch (R)-1,3-Dichlorallen. Es wird jedoch nicht empfohlen, den Index a, der anzeigt, daß der Stereodeskriptor die Konfiguration einer Chiralitätsachse kennzeichnet, wegzulassen.]

c) $(4S)$-4-Chlor-2-methyloctan

d) $(3S,4R)$-4-Hydroxy-3-methylpentansäure

❶ 44

a) Um zu überprüfen, in welchem Isomerenverhältnis die beiden Verbindungen stehen, wird die absolute Konfiguration bestimmt. Bei Molekül **B** ist diese sofort ersichtlich, weil das Atom niedrigster Priorität (das Wasserstoffatom) vom Betrachter weg gerichtet ist. Zur Bestimmung der Konfiguration von Verbindung **A** wird zunächst im Uhrzeigersinn um eine vertikale Achse gedreht, bis das Wasserstoffatom vom Betrachter abgewandt zu liegen kommt. Die Prioritätenfolge ergibt in beiden Verbindungen R-Konfiguration. Damit sind diese identisch.

b) Formel **A** mit den beiden axial stehenden Methylgruppen wird zunächst in die Formel des Konformers umgewandelt, in dem die Methylgruppen äquatorial stehen. Dabei ändert sich die Konfiguration der Chiralitätszentren nicht. Die so erhaltene Formel ist durch eine 180°-Drehung in Formel **B** überführbar. Die Bestimmung der Konfiguration in jeder Formeldarstellung macht deutlich, daß alle drei Formelbilder dasselbe Molekül darstellen.

c) Die beiden dargestellten Haworth-Formeln repräsentieren dasselbe Molekül. Dreht man die erste Formel um 120° im Uhrzeigersinn, erhält man die zweite Formeldarstellung.

d) Zunächst wird die erste Formel in die Sesselform überführt. Dabei muß auf die richtige Orientierung der Methylgruppen geachtet werden, um wieder dieselbe Konfiguration zu erhalten. Danach wird der Sessel gegebenenfalls invertiert, wobei die absolute Konfiguration wiederum erhalten bleibt. Ein Vergleich mit der in der Aufgabe in der Sesselform dargestellten Verbindung zeigt, daß es sich bei den beiden Verbindungen um Enantiomere handelt. (Der dargestellte Weg ist der kürzeste, jedoch nicht der einzige Weg, um zum richtigen Ergebnis zu kommen. Eine andere Möglichkeit ist zum Beispiel der direkte Vergleich der Konfiguration aller Chiralitätszentren in beiden Formeln.)

❶ 45

a)

b)

c)

d)

und/oder

e)

f)

❗ 46

Nateglinid enthält ein *R*-konfiguriertes Chiralitätszentrum im D-Phenylalanin-Baustein und einen spiegelsymmetrischen Rest mit *trans*-Konfiguration.

❗ 47

Eine Möglichkeit zur Trennung von *rac*-1-Phenylethanamin ist die Umsetzung mit einer enantiomerenreinen chiralen Säure, z. B. (*R*,*R*)-Weinsäure oder (*S*)-2-Hydroxybernsteinsäure zu diastereomeren Salzen, die sich wegen ihrer unterschiedlichen Löslichkeit durch Umkristallisation voneinander trennen lassen. Beachten Sie, daß die Trennung der Enantiomere hier noch nicht abgeschlossen ist, da ja nun die Salze vorliegen. Aus diesen getrennten Salzen kann das jeweilige Enantiomer von 1-Phenylethanamin mit Hilfe einer starken Base, z. B. Natriumhydroxid, freigesetzt und dann mit einem organischen Lösungsmittel aus der wässerigen Phase extrahiert werden. Das reine Amin erhält man dann durch Trocknen und anschließendes Abdampfen des Lösungsmittels.

❗ 48

7-*syn*-Ethyl-5-*endo*-isopropyl-6-*exo*-methyl-7-*anti*-propylbicyclo[2.2.1]-hept-2-en.

Da die Stereodeskriptoren *endo*, *exo*, *syn* und *anti* keine Aussage über die absolute Konfiguration zulassen, kann der Name sowohl für die reinen Enantiomere als auch für das Racemat verwendet werden sowie für ein beliebiges Gemisch der beiden Enantiomere stehen.

❗ 49

Von Diammindichloridoplatin(II) gibt es die beiden abgebildeten Isomere. Isomer **A**, das Zytostatikum Cisplatin, wird gewöhnlich mit dem Deskriptor *cis* bezeichnet, dessen Diastereomer, das nicht zytostatisch wirkende Isomer **B**, mit dem Deskriptor *trans*.

Allgemeiner anwendbar sind die systematischen Deskriptoren für anorganische Koordinationsverbindungen, die auf dem CIP-System beruhen. Sie setzen sich aus dem Polyedersymbol, hier *SP*-4 (*SP* für engl. square planar = quadratisch-planar und 4 für die Koordinationszahl), sowie dem Konfigurationsindex zusammen. Bei quadratisch-planaren Verbindungen ist dieser eine Ziffer. Sie gibt die Prioritätszahl für das koordinierende Atom (den Liganden) *trans* zum ranghöchsten koordinierenden Atom (Liganden) an. Isomer **A** erhält also den Deskriptor *SP*-4-2. Es hat zwei Spiegelebenen und eine die Schnittgerade beider Ebenen bildende zweizählige Drehachse und gehört damit zur Punktgruppe C_{2v}. Isomer **B** ist (*SP*-4-1)-Diammindichloridoplatin(II) und gehört zur Punktgruppe D_{2h} (drei jeweils zueinander senkrechte zweizählige Drehachsen, drei jeweils zueinander senkrechte Spiegelebenen und ein Inversionszentrum, das mit zweizähligen Drehspiegelachsen äquivalent ist).

❗ 50

1,4-Dimethylbicyclo[2.2.1]heptan-2-ol enthält 3 Chiralitätszentren. Die formale Maximalzahl ist nach der Formel $x = 2^n$ also $2^3 = 8$. Da aber die beiden Brückenkopfatome aus Gründen des Molekülbaus lediglich *cis*-ständige Methylgruppen tragen können, halbiert sich die Zahl der Stereoisomere auf zwei diastereomere Enantiomerenpaare (**1** und *ent*-**1**; **2** und *ent*-**2**). Diastereomer zueinander sind jeweils **1** zu **2** und *ent*-**2**, *ent*-**1** zu **2** und *ent*-**2**, **2** zu **1** und *ent*-**1** sowie *ent*-**2** zu **1** und *ent*-**1**. Verbindung **1** und **2** sind epimer zueinander, ebenso *ent*-**1** und *ent*-**2**.

| **1** | *ent*-**1** | **2** | *ent*-**2** |

❗ 51

Der Stereodeskriptor *l* bedeutet, daß die Konfiguration der beiden Chiralitätszentren in einem Molekül gleich ist. Über die absolute Konfiguration der Verbindung ist jedoch keine Aussage gemacht. Demnach kann *l*-1,2-Dichlorcyclobutan ein Enantiomerengemisch von (*R,R*)- und (*S,S*)-1,2-Dichlorcyclobutan oder eines der beiden reinen Enantiomere sein. Die Rangfolge der Atome an den Chiralitätszentren lautet jeweils Cl > C(Cl,C,H) > C(C,H,H) > H.

❗ 52

Zuerst werden die Formeln der beiden Isomere von Cromakalim gezeichnet. Dann wird die absolute Konfiguration beider Verbindungen nach dem CIP-System ermittelt. Die Verbindungen mit der absoluten Konfiguration 3S,4R (dieses Isomer hat als reines Enantiomer den INN Levcromakalim) und 3R,4S sind enantiomer zueinander.

Levcromakalim

❗ 53

a) Die beiden Formeln bilden dieselbe Verbindung mit S_a-Konfiguration ab. Fällt der Blick von rechts auf die Molekülachse der in der linken Formel dargestellten Verbindung, ergibt sich die in der Aufgabenstellung rechts abgebildete Projektion. Man beachte jedoch, daß diese Newman-Projektion beim Fehlen weiterer Angaben auch für andere Verbindungen stehen kann, da aus ihr die Zahl und die Art der Atome auf der Achse nicht erkennbar ist.

b) Zunächst wird die Haworth-Formel in die Sesselform überführt. Dabei kann man sowohl die $^1C_4$- als auch die $^4C_1$-Konformation erhalten, die dieselbe absolute Konfiguration haben müssen. Um Fehler bei der Umwandlung zu vermeiden, wird zur Kontrolle die Konfiguration der beiden Chiralitätszentren bestimmt.

Beim Vergleich der $^4C_1$-Konformation mit dem Molekül in der Sesselform aus der Aufgabenstellung läßt sich feststellen, daß Anomere, also Diastereomere vorliegen. Hier ist das anomere Zentrum einmal R- und einmal S-konfiguriert.

c) Die beiden Komplexe unterscheiden sich in der Lage der Nitrito- und Ammin-Liganden. Die übrigen Liganden liegen in einer Ebene. Folglich sind die beiden Verbindungen Enantiomere. Die Lösung kann natürlich auch über die Bestimmung des Stereodeskriptors erfolgen. Dazu blickt man vom ranghöchsten Liganden aus auf die vier Liganden in der zur Bindungsachse des ranghöchsten Liganden senkrechten Ebene und beurteilt, ob sie gemäß ihrer Rangfolge im CIP-System im Uhrzeigersinn (C, von engl.: clockwise) oder entgegen dem Uhrzeigersinn (A, von engl.: anticlockwise) angeordnet sind.

OC-6-25-A OC-6-25-C

d) In beiden Koordinationsverbindungen sind jeweils drei gleiche Liganden in derselben Dreiecksfläche angeordnet. Dreht man eine der beiden Formeln um je 90° um zwei zueinander senkrechte Achsen, erhält man die zweite Formel. Die Lösung kann auch über die Bestimmung des Stereodeskriptors erfolgen. Er besteht aus dem Polyedersymbol *OC*-6 und dem Konfigurationsindex, hier jeweils zweimal der Ziffer 2, weil jedem der drei ranghöheren Gruppen eine Gruppe mit der Prioritätszahl 2 gegenübersteht. (Es handelt sich um das Isomer, das früher mit dem Deskriptor *fac* bezeichnet wurde, weil die beiden Gruppen der drei gleichen Liganden jeweils die Ecken einer Dreiecksfläche [engl.: **fac**e] des Oktaeders belegen.)

❗ **54**

Die abgebildete Verbindung enthält ein *R*-konfiguriertes Chiralitätszentrum [die Rangfolge der an das Chiralitätszentrum gebundenen Gruppen lautet C(P,H,H) > C(C,C,(C)) > C(C,H,H) > H] und eine *Z*-konfigurierte Doppelbindung. Es gibt zu ihr drei Stereoisomere, die entweder an einer oder an beiden stereogenen Einheiten entgegengesetzte Konfiguration haben. Mit der abgebildeten Verbindung gibt es somit insgesamt vier Stereoisomere mit dieser Konstitution, die *R,Z*-, *R,E*-, *S,Z*- und *S,E*-konfiguriert sind. (Verbindungen dieser Art sind als potentiell antivirale Nucleotidanaloga synthetisiert worden, wobei sich herausstellte, daß überwiegend nur die *Z*-Isomere eine gewisse antivirale Aktivität zeigen [1].)

❗ **55**

❗ 56

Bei (R)-1-Brombuta-1,2-dien handelt es sich um ein Kumulen mit einer geraden Zahl von Doppelbindungen, das eine Chiralitätsachse besitzt, wenn, wie in diesem Beispiel der Fall, an jedes Ende des kumulierten Systems je zwei unterschiedliche Gruppen gebunden sind. Die absolute Konfiguration läßt sich bestimmen, indem man das Molekül wie in einer Newman-Projektion entlang der Chiralitätsachse betrachtet, die mit der Bindungsachse der Doppelbindungen zusammenfällt. Man wählt willkürlich die Betrachtungsrichtung und ordnet die Substituenten eines Endes vertikal und die des anderen horizontal an. Dann verbindet man die beiden dem Betrachter nähergelegenen Substituenten mit einem, weil R-Konfiguration resultieren soll, Bogen im Uhrzeigersinn ausgehend vom ranghöheren Substituenten (Bromatom oder Methylgruppe, je nach Betrachtungsrichtung) und verlängert diesen Bogen noch um 90°. Dort muß dann der jeweils andere Substituent eingefügt werden.

Zur Kennzeichnung eines Stereodeskriptors für eine Chiralitätsachse sollte ihm ein tiefgestelltes (nicht kursives) a angefügt werden, so daß sich für dieses Beispiel (R_a)-1-Brombuta-1,2-dien ergibt. Es ist zwar bisher häufig geübte Praxis, dieses tiefgestellte a im Stereodeskriptor wegzulassen. Aus Gründen der Deutlichkeit ist dies jedoch nicht empfehlenswert und sollte daher nicht mehr erfolgen.

❗ 57

Es gibt die beiden abgebildeten Diastereomere von $[CrCl_2(NH_3)_4]^+$, die gewöhnlich mit den Deskriptoren *cis* und *trans* bezeichnet werden. Das *trans*-Isomer hat die Symmetriepunktgruppe D_{4h}. Die Symmetrieelemente sind eine vierzählige Hauptdrehachse C_4, eine dazu horizontal liegende Spiegelebene σ_h, vier C_2-Achsen senkrecht zu C_4 und vier Spiegelebenen σ_v mit der Hauptdrehachse als Schnittgerade. Das *cis*-Isomer besitzt die Symmetriepunktgruppe C_{2v}. Die ihr zugeordneten Symmetrieelemente sind eine C_2-

Achse und zwei vertikal dazu liegende Spiegelebenen σ_v. Vollziehen Sie die Gedanken anhand des im Anhang abgebildeten Flußdiagramms nach.

Da die Deskriptoren *cis* und *trans* nicht allgemein für alle oktaedrischen Koordinationsverbindungen verwendbar sind, sollten an ihrer Stelle die systematischen Deskriptoren auf der Grundlage des CIP-Systems verwendet werden. Sie setzen sich aus dem Polyedersymbol, hier *OC*-6 (*OC* für engl. **oc**tahedral = oktaedrisch und 6 für die Koordinationszahl), sowie dem Konfigurationsindex zusammen. Bei oktaedrischen Verbindungen sind dies zwei Ziffern. Die erste gibt die Prioritätszahl für das koordinierende Atom (den Liganden) *trans* zum ranghöchsten koordinierenden Atom (Liganden) an. Im *cis*-Isomer ist dies 2, im *trans*-Isomer 1. Die zweite Ziffer wird in der senkrecht zu dieser Bezugsachse des Oktaeders liegenden Ebene auf die gleiche Weise ermittelt. Das *cis*-Isomer erhält also den Deskriptor *OC*-6-22. Das *trans*-Isomer ist (*OC*-6-12)-Tetraammindichloridochrom(III).

58

Es gibt $2^3 = 8$ mögliche Isomere mit der Konstitution des Cyclothiazid. Die Verbindung hat zwar vier Chiralitätszentren, so daß formal 16 Isomere denkbar wären. Tatsächlich möglich sind jedoch nur acht Isomere, weil die Konfiguration der Brückenkopfatome 1 und 4 aus Gründen des Molekülbaus nicht unabhängig voneinander variiert werden kann. Cyclothiazid – inzwischen obsolet – ist als Isomerengemisch eingesetzt worden.

! **59**

Betrachtet man (R_a)-1,3-Dichlorallen entlang der Achse der Doppelbindungen, sind die Gruppen, die nach dem CIP-System Rang 1, 2 und 3 erhalten, für den Betrachter im Uhrzeigersinn angeordnet. Alternativ kann man nur die beiden Chloratome (die jeweils ranghöhere Gruppe an jedem Ende der Verbindung) betrachten. Der Bogen von dem dem Betrachter nähergelegenen Chloratom zum weiter entfernten verläuft gegen den Uhrzeigersinn. Der so ermittelte Helizitätssinn wird mit dem Deskriptor M ausgedrückt. Demnach ist (R_a)-1,3-Dichlorallen identisch mit (M)-1,3-Dichlorallen. Für beide Betrachtungsweisen ist es unerheblich, von welchem Ende aus man auf die Verbindung schaut.

! **60**

Der Stereodeskriptor u besagt, daß zwei Chiralitätszentren vorliegen, deren Konfiguration ungleich ist. Eines dieser Chiralitätszentren ist das wegen des vorhandenen freien Elektronenpaares pyramidal von Substituenten umgebene Schwefelatom. Bei der Bestimmung der Konfiguration kommt dem freien Elektronenpaar die niedrigste Priorität zu.

! **61**

a) Die beiden Seiten der Doppelbindung von Butanon sind enantiotop. Der Blick fällt bei der gezeigten Formel auf die *Re*-Seite.

$$H_3C \overset{3}{\underset{}{}} \overset{\overset{1}{O}}{\underset{}{\|}} \overset{2}{\underset{}{}} CH_3$$

b) Da diese Verbindung bereits ein Chiralitätszentrum besitzt (Position 2 der 2-Chlorpropansäure-Einheit), sind die beiden Seiten der Carbonylgruppe diastereotop. Der Blick fällt bei der gezeigten Formel auf die *Re*-Seite.

$$H_3C \overset{1}{\underset{}{}} O \overset{\overset{2}{O}}{\underset{}{\|}} \overset{3}{\underset{\underset{Cl}{|}{*}}{}} CH_3$$

c) Die beiden Seiten von Aceton sind vollkommen gleichwertig, sie sind homotop.

d) Die beiden Seiten der Doppelbindung von Bromethen sind an jedem Ende getrennt zu betrachten. Am bromsubstituierten Ende sind sie enantiotop. Man schaut bei der gezeigten Formel auf die *Si*-Seite. Am anderen Ende der Doppelbindung sind zwei gleiche Gruppen (hier Wasserstoffatome) vorhanden, die beiden Seiten an diesem Kohlenstoffatom daher homotop.

$$\underset{H}{\overset{H}{\underset{2}{}}} \diagdown \diagup \overset{\overset{1}{Br}}{\underset{\underset{3}{H}}{}}$$

⚠ **62**

a) Maleinsäure reagiert mit molekularem Brom zuerst unter Abspaltung von Bromid zu einem cyclischen Bromoniumion. Das Bromidion kann in einem zweiten Schritt das Bromoniumion nukleophil angreifen. Dieser Angriff erfolgt wie eine normale S_N2-Reaktion stereospezifisch unter Inversion. Da das Bromidion an C2 und C3 des *meso*-Bromoniumions mit gleicher Wahrscheinlichkeit angreifen kann, erhält man das Racemat aus (2R,3R)- und (2S,3S)-Dibrombernsteinsäure. Man beachte, daß die hier beschriebene Reaktion nur unter Ausschluß von Licht und in der Kälte diesen Verlauf nimmt.

b) Aus Fumarsäure entstehen analog zwei zueinander enantiomere Bromoniumionen, die R,R- bzw. S,S-konfiguriert sind. Bei der anschließenden nukleophilen Öffnung des Dreirings durch das Bromidion erhält man unabhängig davon, welches Bromoniumion angegriffen wird, in jedem Fall (2R,3S)-Dibrombernsteinsäure (*meso*-2,3-Dibrombernsteinsäure), da der nukleophile Angriff stets zur Inversion eines der beiden Chiralitätszentren des Bromoniumions führt. Die getrennt gezeichneten Produktformeln sind durch eine 180°-Drehung ineinander überführbar.

! **63**

Lumefantrin besitzt zwei stereogene Einheiten, eine Z-konfigurierte Doppelbindung und ein Chiralitätszentrum, dessen Konfiguration in der Formel nicht spezifiziert ist. Demzufolge repräsentiert die Formel zwei Verbindungen (Enantiomere) mit R,Z- bzw. S,Z-Konfiguration, die beide im racemischen Arzneistoff enthalten sind. Formal sind $2^2 = 4$ Isomere mit dieser Konstitution möglich, neben den Isomeren des Lumefantrin auch die beiden E-konfigurierten Verbindungen.

! **64**

Obwohl es zwei Enantiomere von trans-1,2-Dibromcyclopentan gibt, existiert genau ein Epimer dazu. Bei Inversion eines beliebigen Chiralitätszentrums eines der beiden Enantiomere gelangt man stets zu derselben cis-konfigurierten Verbindung.

! 65

Die Formel von (R)-2-Methylbutan-1-thiol wird zuerst am besten in der Zick-Zack-Schreibweise gezeichnet. Danach können – in Gedanken oder tatsächlich – die Wasserstoffatome ergänzt werden. Bezugsgruppe an Position 1 ist die nur einmal vorhandene Sulfanylgruppe. An Position 2, die drei verschiedene Gruppen trägt, ist die ranghöchste Gruppe die Bezugsgruppe. Beim Blick entlang der C1-C2-Bindung erhält man die gezeigte Newman-Projektion.

! 66

meso-Weinsäure wird am besten zuerst in der Fischer-Projektion gezeichnet, die die synperiplanare Konformation des Moleküls abbildet und problemlos in die Sägebockschreibweise überführt werden kann. Die anticlinale Konformation erhält man durch die anschließende Drehung einer Molekülhälfte um 120° um die zentrale Kohlenstoff-Kohlenstoff-Bindung. Man beachte, daß es zwei zueinander enantiomere anticlinale Konformationen gibt.

❗ 67

Von 4-*sec*-Butylcyclohexanol gibt es vier Stereoisomere. Die Verbindung besitzt ein Chiralitätszentrum. Zusätzlich ist *cis*/*trans*-Isomerie am Ring möglich, so daß es ein (*R*)-*trans*-, (*S*)-*trans*-, (*R*)-*cis*- und (*S*)-*cis*-Produkt gibt.

❗ 68

Von den prinzipiell sechs möglichen stereoisomeren oktaedrischen Koordinationseinheiten der allgemeinen Formel $Ma_2b_2c_2$ können von Dichlorido(diazan)bis(triphenylphosphan)cobalt(1+) nur vier auftreten, weil eine *trans*-Anordnung der beiden Stickstoffatome des Hydrazins in der Koordinationseinheit nicht möglich ist. Die beiden *OC*-6-32-Isomere sind chiral. Sie sind Enantiomere und haben *A*- bzw. *C*-Konfiguration. Die beiden anderen sind achirale Diastereomere.

OC-6-13   OC-6-33   OC-6-32-A   OC-6-32-C

❗ 69

Zur Benennung der Konformation wird zuerst an den beiden Kohlenstoffatomen C2 und C3 das Substitutionsmuster ermittelt. Es sind jeweils drei verschiedene Gruppen daran gebunden. So bilden die jeweils ranghöchsten Gruppen die Bezugsgruppen (in der Formel hervorgehoben), so daß hier folglich die antiperiplanare Konformation vorliegt. Zur Überführung in die Fischer-Projektion wird der dem Betrachter zugewandte Teil der Formel zunächst so gedreht, daß sich eine ekliptische Konformation ergibt, in der die beiden Gruppen, die die Hauptkette bilden, synperiplanar angeordnet sind.

❗ 70

6,6'-Dibrombiphenyl-2,2'-dicarbonsäure hat eine Chiralitätsachse, da durch das Substitutionsmuster an den Phenylringen die Rotation eingeschränkt ist. Je nachdem, in welcher Stellung die beiden Ringe vorliegen, wird die Schwingungsebene des linear polarisierten Lichtes nach rechts oder links gedreht. Zur Bestimmung der Konfiguration der Chiralitätsachse betrachtet man die Projektion entlang dieser Achse aus einer beliebigen Richtung. Zuerst werden die Atomgruppen des vorderen Ringes betrachtet, dann die des hinteren Ringes. So ergibt sich R_a-Konfiguration.

! **71**

Amlodipin ist chiral, da der Heterocyclus zwei unterschiedlich substituierte Hälften besitzt, und daher Position 4 ein Chiralitätszentrum ist. Es existieren folglich zwei Enantiomere, die sich in der Konfiguration an diesem Zentrum des 1,4-Dihydropyridin-Ringes unterscheiden. Bestimmt man die Rangfolge nach dem CIP-System, stellt man fest, daß in der ersten Sphäre nur Kohlenstoffatome an C4 gebunden sind, die jeweils drei Bindungen wiederum nur zu Kohlenstoffatomen aufweisen. Erst in der dritten Sphäre läßt sich der ranghöchste Substituent bestimmen. Es ist der 2-Chlorphenyl-Rest. Die beiden anderen Gruppierungen unterscheiden sich erst in der vierten Sphäre. Hier hat das Sauerstoffatom des Substituenten in Position 2 Vorrang vor dem Wasserstoffatom der Methylgruppe in Position 6. Beachten Sie, daß nicht die beiden unterschiedlichen Ester über die Rangfolge entscheiden, obwohl sie in den ranghöheren Zweigen des Digraphen liegen, da sie sich erst in der fünften Sphäre unterscheiden. Die Konfiguration bliebe also unverändert, wenn die beiden Estergruppen gegeneinander ausgetauscht würden. Man erhielte so allerdings Konstitutionsisomere.

❗ 72

In 2t,3c-Dichlorcyclohexan-1r-ol ist nur die relative Konfiguration der Substituenten bekannt. Es existieren die zwei dargestellten Enantiomere mit der absoluten Konfiguration 1R,2S,3S und 1S,2R,3R.

❗ 73

2-Methylhex-3-in hat nur eine Spiegelebene σ und gehört somit zur Punktgruppe C_s. Die an das Kohlenstoffatom 5 gebundene Methylgruppe ist frei drehbar und kann in der Spiegelebene liegen.

❗ 74

(S_a)-6-Aminospiro[3.3]heptan-2-ol enthält eine Chiralitätsachse. Die Substituenten in den Positionen 2 und 6 liegen in zueinander senkrechten Ebenen. Die absolute Konfiguration läßt sich bestimmen, indem man das Molekül entlang der Achse durch die Atome 2, 4 und 6 betrachtet. Man wählt willkürlich die Betrachtungsrichtung und ordnet die Substituenten eines Endes vertikal und die des anderen horizontal an. Nun verbindet man die beiden dem Betrachter nähergelegenen Substituenten mit einem Bogen gegen den Uhrzeigersinn ausgehend vom ranghöheren Substituenten (Aminogruppe oder Hydroxygruppe, je nach Betrachtungsrichtung) und verlängert diesen Bogen noch um 90°. Dort muß dann der jeweils andere Substituent eingefügt werden.

75

Zuerst muß festgestellt werden, daß *trans*-2-Brom-4-chlorcyclobutanon chiral ist und deshalb die Reaktion der beiden Enantiomere betrachtet werden muß. Für beide Enantiomere gilt: erfolgt der Hydridangriff von der *Re*-Seite, entsteht das Produkt mit *S*-Konfiguration an C1, erfolgt der nukleophile Angriff von der *Si*-Seite, entsteht das Produkt mit *R*-Konfiguration an C1.

76

Es gibt zwei Stereoisomere von Bis(2-aminoethanthiolato-*N,S*)nickel(II). Sie erhalten die Stereodeskriptoren (*SP*-4-1) und (*SP*-4-2). (Ebenfalls eindeutig wären die Deskriptoren *trans* bzw. *cis*. Ihre Verwendung wird jedoch nicht empfohlen, da es andere quadratisch-planare Koordinationsverbindungen gibt, für die sie nicht anwendbar sind.)

SP-4-1   *SP*-4-2

❗ 77

(2R,3R,4R)-3-Chlor-4-isopropyl-2-methylcyclohexanon kann zwei Sessel-konformationen mit allerdings stark unterschiedlichem Energiegehalt ein-nehmen. Während im einen Konformer alle Substituenten äquatorial ste-hen, sind sie im anderen Konformer axial angeordnet. Die sich daraus erge-benden 1,3-diaxialen Wechselwirkungen insbesondere der Isopropylgruppe und der Methylgruppe liefern einen hohen Beitrag zum Energiegehalt der Verbindung. Stehen hingegen alle Substituenten äquatorial, sind zwar die gauche-Wechselwirkungen der Substituenten untereinander zu berücksich-tigen. Da diese jedoch deutlich geringer sind und in einer ähnlichen Grö-ßenordnung wie die gauche-Wechselwirkung axialer Substituenten mit den übernächsten Ringatomen liegen, weist das Konformer mit äquatorialen Substituenten einen geringeren Energiegehalt auf.

❗ 78

(Z)-Pent-2-en ist das weniger stabile und daher energiereichere Isomer. Entsprechend verläuft seine Hydrierung stärker exotherm. Gewöhnlich sind die (E)-Alkene die stabileren Verbindungen. Bei Cycloocten ist es um-gekehrt. Wegen der größeren Ringspannung von (E)-Cycloocten hat dieses den größeren Energiegehalt und setzt bei der Hydrierung mehr Wärme frei.

❗ 79

Die Formel dieses neuen Zytostatikums (Picoplatin) ist nachfolgend dargestellt. Bei der Bildung des Stereodeskriptors ergibt sich hier die Situation, daß der ranghöchste Ligand (Chlorido, Prioritätszahl 1) zweimal vorkommt. In einem solchen Fall wird als Konfigurationsindex die Prioritätszahl des *trans* zu ihm koordinierten Liganden mit der niedrigsten Priorität (höchstmögliche Prioritätszahl; hier NH_3, Prioritätszahl 3) aufgeführt (trans-Maximaldifferenz).

❗ 80

(*RS,RS*)-2-Phenyl-2-(piperidin-2-yl)essigsäuremethylester (INN: Methylphenidat) wird als rezeptpflichtiges Betäubungsmittel (BTM) zur Behandlung des hyperkinetischen Syndroms bei Kindern eingesetzt. Dexmethylphenidat ist das reine, deutlich stärker wirksame Enantiomer mit *R,R*-Konfiguration, das in den USA im Handel ist. Das dazu diastereomere Racemat mit *RS,SR*-Konfiguration ist hingegen eine verkehrsfähige Chemikalie und nicht als Arzneistoff im Handel. (Beachten Sie auch den geringen strukturellen Unterschied zu Levofacetoperan, Aufgabe 149.)

! **81**

Die absolute Konfiguration von Tazobactam ist in der Formel angegeben. An Position 2 lautet die Rangfolge N > C(S,C,C) > C(O,O,(O)) > H. Das Wasserstoffatom ist vom Betrachter weg gerichtet zu ergänzen, so daß S-Konfiguration resultiert. An Position 3 ist die Rangfolge S > C(N,C,H) > C(N,H,H) > C(H,H,H). Die Rangfolge an Position 5 ergibt sich bereits in der ersten Sphäre: S > N > C > H. Da das Wasserstoffatom zum Betrachter hin gerichtet ist, liegt R-Konfiguration vor. Beachten Sie, daß auch das Stickstoffatom ein Chiralitätszentrum ist, da es wegen der hohen Ringspannung in einer pyramidalen Struktur fixiert ist. Seine Konfiguration, auf deren Angabe gewöhnlich verzichtet wird, weil sie direkt aus der Konfiguration in Position 5 folgt, ist S. Sie ergibt sich aus der Rangfolge C(S,C,H) > C(O,(O),C) > C(C,C,H) > e⁻, wobei das freie Elektronenpaar in der gezeigten Orientierung der Formel zum Betrachter gerichtet ist.

! **82**

Bei der Umsetzung von (S)-(1-Methylheptyl)tosylat mit Natriumazid wird in einer S_N2-Reaktion unter Inversion das Produkt (R)-2-Azidooctan erhalten. Ein Enantiomerenüberschuß von ee = 99 % besagt, daß dieses Produkt noch 0,5 % Verunreinigung durch das S-Isomer enthält. Diese könnte theoretisch durch eine geringfügige Racemisierung während der Reaktion verursacht sein, wenn die Reaktion zum Teil über einen S_N1-Mechanismus verläuft, was jedoch nicht sehr wahrscheinlich ist. Der wahrscheinlichste Grund ist, daß das Tosylat bereits mit nur 99 % ee vorlag (es wird leicht aus Octan-2-ol erhalten, welcher mit 99 % ee käuflich ist).

❗ **83**

Trimoprostil besitzt sechs stereogene Einheiten. Die Doppelbindungen in Position 5 und 13 sind *Z*- bzw. *E*-konfiguriert. Für das Chiralitätszentrum in Position 8 ergibt sich die Rangfolge C(O,(O),C) > C(C,C,H) > C(C,H,H) > H. Da das Wasserstoffatom zum Betrachter hin gerichtet ist, ergibt sich *R*-Konfiguration. In Position 11 wird lediglich die Anzahl der an die benachbarten Kohlenstoffatome gebundenen weiteren Kohlenstoffatome zur Konfigurationsbestimmung benötigt. So ergibt sich erneut *R*-Konfiguration. An Position 12 liegt ebenfalls *R*-Konfiguration vor. In erster und zweiter Sphäre kann keine Unterscheidung getroffen werden, da alle benachbarten Kohlenstoffatome (C8, C11 und C13) wiederum mit zwei Kohlenstoffatomen verknüpft sind, wobei an C13 eines davon die Duplikatdarstellung für das doppelt gebundene C14 ist. In der dritten Sphäre folgt dann die Entscheidung aufgrund der Rangfolge C9(O,(O),C) > C14(C,(C),H) > C10(C,H,H). An C15 liegt *R*-Konfiguration vor, weil nach der Hydroxygruppe mit der höchsten Priorität das quartäre Kohlenstoffatom (C16) Vorrang vor dem tertiären Kohlenstoffatom (C14) und dann dem Wasserstoffatom hat, welches allerdings zum Betrachter hin gerichtet ist.

! **84**

Trovafloxacin besteht aus zwei spiegelsymmetrischen bicyclischen Systemen, die so zueinander angeordnet sein können, daß die beiden Spiegelebenen zusammenfallen. Die Verbindung ist daher achiral. Das gesättigte Ringsystem hat drei stereogene Zentren. Die absolute Konfiguration der beiden Chiralitätszentren an C1 und C5 dieses Ringsystems läßt sich nach dem CIP-System bestimmen. Das R-konfigurierte Kohlenstoffatom ist C1, weil ihm Priorität vor dem S-konfigurierten C5 zukommt. An C6 existiert ein Pseudochiralitätszentrum, das die Ursache für das Auftreten zweier achiraler Diastereomere ist. Dort hat die Aminogruppe die höchste Priorität, dann folgt der R-konfigurierte Ast, danach der S-konfigurierte. So ergibt sich an diesem Zentrum s-Konfiguration.

! **85**

a) Bei der Umsetzung von Bicyclo[2.2.2]octen mit Persäure entsteht zuerst ein Epoxid, das unter wässerig-sauren Bedingungen hydrolysiert wird. Der Angriff von Wasser erfolgt dabei als S_N2-Reaktion. Da das entstandene Epoxid zwar Chiralitätszentren besitzt, aber dennoch achiral ist, kann ein Wassermolekül mit gleicher Wahrscheinlichkeit an beiden Chiralitätszentren des Zwischenproduktes angreifen, so daß zwei zueinander enantiomere $trans$-konfigurierte Diole entstehen.

b) Wird Bicyclo[2.2.2]octen mit verdünnter Kaliumpermanganatlösung umgesetzt, entsteht – unter Reduktion des Mangans – zunächst ein cyclischer Ester der Mangan(V)-säure, der zum *cis*-Diol, dem Mesoprodukt, hydrolysiert wird. Beachten Sie, daß der Angriff des Permanganats von der anderen Seite der Doppelbindung zum selben Ergebnis führt, weil die beiden Brückenkopfatome keine Chiralitätszentren sind.

🛑 **86**

(*S,S*)-Weinsäure hat als einziges Symmetrieelement eine C_2-Achse und gehört damit der Symmetriepunktgruppe C_2 an. Bei der Drehung um 180° werden die Kohlenstoffzentren 1 und 4 sowie 2 und 3 ineinander überführt. Dies bleibt auch so, wenn das Molekül eine andere Konformation einnimmt, wie exemplarisch an zwei weiteren Konformationen gezeigt ist.

❗ 87

Ataprost hat sieben stereogene Einheiten. Die beiden Doppelbindungen haben *E*-Konfiguration. Die Chiralitätszentren an den beiden Anellierungspositionen sind *S*-konfiguriert. Ihre relative Konfiguration ist *cis*. Die beiden anderen Chiralitätszentren im Ringsystem haben *R*-Konfiguration. Das Chiralitätszentrum in der Seitenkette ist *S*-konfiguriert. Dabei ist zu beachten, daß die Doppelbindung Priorität vor dem Cyclopentylrest hat, weil an beiden Enden der Doppelbindung jeweils eine Duplikatdarstellung des doppelt gebundenen Kohlenstoffatoms berücksichtigt werden muß.

❗ 88

Da diese Verbindung ein Chiralitätszentrum am Schwefelatom aufweist, können zwei Enantiomere existieren, die an einer geeigneten chiralen stationären Phase (z. B. mit substituiertem 1,2,3,4-Tetrahydrophenanthren-4-amin modifiziertem Kieselgel) getrennt werden können. Falls sie nicht enantiomerenrein vorliegt, wird man im Chromatogramm zwei Peaks finden.

❗ 89

Maxacalcitol enthält neun stereogene Einheiten. Dies sind sechs Chiralitätszentren und zwei Doppelbindungen, deren Konfiguration in der Formel angegeben ist, sowie die Einfachbindung zwischen der *E*- und der *Z*-konfigurierten Doppelbindung, die partiellen Doppelbindungscharakter besitzt. In der gezeigten Darstellung ist die Konformation des konjugierten Doppelbindungssystems mit *s-trans* zu beschreiben.

❗ 90

(2*S*,3*R*)-2,3-Dichlorcyclobutanon besitzt zwei *cis*-ständige Chloratome. Die *Re*-Seite der Carbonylgruppe ist die sterisch weniger abgeschirmte Seite *trans* zu den beiden Chloratomen. Beim Angriff des Hydridions von dieser Seite entsteht (1*S*,2*S*,3*R*)-2,3-Dichlorcyclobutan-1-ol, in dem die Hydroxygruppe wiederum *cis*-ständig zu den Chloratomen ist.

❗ 91

(*R*)-2-Brompentan-3-on ist eine chirale Verbindung, die zusätzlich zwei Prochiralitätszentren enthält, die Kohlenstoffatome 3 und 4. Die jeweils drei Wasserstoffatome einer Methylgruppe sind homotop, weil der Ersatz eines Wasserstoffatoms durch eine andere Gruppe – beispielsweise ein Deuteriumatom – kein Chiralitätszentrum erzeugt. Es ist dabei unerheblich, welches Wasserstoffatom substituiert wird, da die homotopen Gruppen sich durch Rotation ineinander überführen lassen. Die beiden Wasserstoffatome der Methylengruppe hingegen ergeben im Substitutionstest Diastereomere, sie sind daher diastereotop. Je nachdem, ob das eine oder andere Wasserstoffatom als ranghöher angenommen wird, ergäbe sich *R*- oder *S*-Konfiguration. Sie werden daher mit den Deskriptoren *pro-R* bzw. *pro-S* bezeichnet.

❗ 92

Zur Herleitung der Struktur der *threo*-Formen zeichne man zuerst eine Fischer-Projektion, wobei darauf geachtet werden muß, daß die Kohlenstoffkette in der Vertikalen liegt und das Kohlenstoffatom mit der Nummer 1 oben steht. Die Substituenten an den beiden Chiralitätszentren, die Amino- und die Hydroxygruppe, müssen bei *threo*-Konfiguration auf unterschiedlichen Seiten der Hauptkette stehen. Sie sind in der Fischer-Projektion zum Betrachter hin gerichtet. Damit bei der anschließenden Überführung in eine Formel in der Zick-Zack-Schreibweise keine Fehler passieren, wird zur Kontrolle die absolute Konfiguration vor und nach der Überführung bestimmt. Da durch den Deskriptor *threo* keine Aussage über die absolute Konfiguration gemacht ist, kommen hier prinzipiell beide Enantiomere in Frage. Ihre Konfiguration ist *S,S* bzw. *R,R*. Cathin ist das *S,S*-Isomer. Wichtig ist zu erkennen, daß Drehungen um Einfachbindungen die absolute Konfiguration nicht verändern.

Cathin

❗ 93

Das R_a-Rotamer von Afloqualon läßt sich am besten in einer Projektion darstellen, die dem Blick entlang der Chiralitätsachse entspricht. Man schaut z. B. über den Heterocyclus hinweg entlang der Stickstoff-Phenyl-Bindung. Dann kommen der Fluormethylrest nach oben und die Carbonyl-gruppe nach unten zu liegen. Im Phenylring sind die Methylgruppe und ein Wasserstoffatom zu betrachten. Die Rangfolge lautet also $CO > C(N)CH_2F > CH_3 > H$. Um zur R_a-Konfiguration zu gelangen, muß die Methylgruppe in der gewählten Projektion auf die rechte Seite kommen.

🛈 94

Bei der gekreuzten Aldolreaktion zwischen Acetaldehyd und Propiophenon handelt es sich um eine Reaktion, bei der zwei Chiralitätszentren und folglich vier Stereoisomere entstehen. Die Verbindungen **A** und **B** sind enantiomer zueinander und können durch den Stereodeskriptor *u* beschrieben werden. Ebenso sind **C** und **D** Enantiomere. Sie sind *l*-konfiguriert. Da beide Edukte achiral sind, wird man ohne Zusatz eines chiralen Katalysators oder Auxiliars stets die Racemate erhalten. Gleichermaßen läßt sich über die Wahl der Base, den Zusatz von Lewis-Säuren und die Bedingungen, unter denen das Enolat gebildet wird, steuern, welches Diastereomer bevorzugt gebildet wird. Wird intermediär das *Z*-Enolat erhalten, entsteht bevorzugt das *u*-Produkt, während das *E*-Enolat überwiegend das *l*-Produkt liefert.

🛈 95

Die (gegenüber den Aufgabenformeln zum Teil ergänzten) Wasserstoffatome an den Prochiralitätszentren sind in den folgenden Formeln mit *pro-R* und *pro-S* gekennzeichnet. Dies läßt sich leicht überprüfen, wenn man dem jeweiligen *pro-R*-Wasserstoffatom in Gedanken eine geringfügig höhere Priorität zuordnet. Die Konfigurationsbestimmung an diesem hypothetischen Chiralitätszentrum führt dann zur *R*-Konfiguration. Man beachte, daß das zentrale Kohlenstoffatom in d) kein Prochiralitätszentrum ist. Man könnte es als Propseudochiralitätszentrum bezeichnen, da die Substitution eines Wasserstoffatoms zu einem Pseudochiralitätszentrum führt. Die Wasserstoffatome können daher durch die Deskriptoren *pro-r* und *pro-s* unterschieden werden.

a)

H_2C ⎯ CH$_3$

pro-R   pro-S

b)

pro-S H
pro-R H R H pro-R
H_3C H   H
pro-S

CH$_3$
S

c)

Br

pro-R H   H pro-S
pro-R H   H pro-S

Cl

d)

H pro-S
pro-R H   OH
R
H   OH
pro-s H   H pro-r
S
H   OH
OH
pro-R H   H pro-S

e)

COOH

pro-S H   H pro-R

NH$_2$

❗ 96

Das *N*-Oxid von Loperamid ist eine achirale Verbindung. Es kann eine
Spiegelebene durch Position 1 und 4 des Piperidinringes gelegt werden, die
jeweils zwei gleiche Gruppen tragen. Da an den Piperidinring insgesamt
vier Substituenten gebunden sind, können nach den IUPAC-Regeln die
Deskriptoren *cis* und *trans* im Namen der Verbindung nicht verwendet
werden. Sie können lediglich für Ringe mit zwei Substituenten oder in allgemeinen Formulierungen – wie in der Aufgabenstellung – unter genauer
Bezugnahme auf zwei bestimmte Substituenten deren relative Orientierung
beschreiben. Im Namen sind hier die Deskriptoren *r*, *c* und *t* zu verwenden.
(Es sei jedoch darauf hingewiesen, daß die *Chemical Abstracts* die Deskriptoren *r*, *c* und *t* nicht verwenden, sondern auch in solchen Fällen *cis* und
trans, wobei sie für ihre Register festgelegt haben, daß *cis* und *trans* sich auf
die nach dem CIP-System ranghöheren Gruppen beziehen.)

❗ 97

Bei der Bromierung von Zimtsäure entstehen intermediär zwei zueinander enantiomere Bromoniumionen, die wiederum nukleophil von einem Bromidion angegriffen werden. Da dieser Angriff sowohl an Position 2 als auch an Position 3 erfolgen kann, die Reaktion andererseits aber stereospezifisch unter Inversion verläuft, werden aus beiden Bromoniumionen jeweils zwei paarweise identische enantiomere Produkte erhalten. Am schnellsten ist dies in der Fischer-Projektion zu erkennen, die aus den Zick-Zack-Formeln nach einer Drehung um die C2-C3-Bindung leicht abzuleiten ist.

❗ 98

Da das aliphatische Ringsystem von Tropisetron spiegelsymmetrisch ist, haben die beiden Brückenkopfatome (Position 1 und 5) entgegengesetzte Konfiguration. Dadurch ergibt sich in Position 3 ein Pseudochiralitätszentrum, an das zwei enantiomorphe Reste gebunden sind. Von diesen hat der R-konfigurierte Zweig Priorität vor dem S-konfigurierten, so daß sich r-Konfiguration an C3 ergibt. Der Leser mache die Probe und spiegele das Molekül. Danach ist das Pseudochiralitätszentrum immer noch r-konfiguriert und somit die Bedingung für Pseudochiralität erfüllt.

❶ 99

Darodipin ist prochiral. Wird ein Wasserstoffatom an einer seiner Methylgruppen durch ein Deuteriumatom ersetzt, erhält man Enantiomere, d. h., die Methylgruppen sind enantiotop. Die Ethylgruppen der Estergruppierungen sind ebenfalls enantiotop. Beachten Sie, daß Sie zur Untersuchung der Topizität und des Isomerenverhältnisses der dargestellten Verbindungen die Keile ebenso hätten gestrichelt zeichnen können.

❶ 100

Bei der Addition von Brom an (R)-4-Chlorcyclohex-1-en entstehen zuerst zwei zueinander diastereomere Bromoniumionen, die anschließend durch Bromid nukleophil geöffnet werden. Dieser Angriff erfolgt als S_N2-Reaktion stereospezifisch unter Inversion. Dadurch sind die Bromsubstituenten in den beiden diastereoisomeren Produkten *trans*-ständig.

❗ 101

Dizocilpin ist eine chirale Verbindung mit zwei Chiralitätszentren. Das methylierte Zentrum ist S-konfiguriert. Das andere Brückenkopfatom ist R-konfiguriert. Zur Verdeutlichung kann es hilfreich sein, Atome oder Atomgruppen zu ergänzen. Es werden noch zwei weitere mögliche Formeldarstellungen präsentiert, von denen die letzte jedoch, obwohl häufig verwendet, nicht empfohlen wird.

❗ 102

Bei der Reaktion können vier Stereoisomere entstehen. Alle Reaktionsprodukte besitzen an C2 und C6 Chiralitätszentren, deren absolute Konfiguration mit R und S spezifiziert wird. Die Verbindungen **A** und **B** besitzen an C1 zusätzlich ein Pseudochiralitätszentrum. Da an C1 zwei konstitutionell gleiche, aber enantiomorphe Gruppen gebunden sind, resultieren nach den CIP-Regeln die Stereodeskriptoren r in **A** und s in **B**. In den Verbindungen **C** und **D** sind zwei der an C1 gebundenen Reste homomorph, so daß C1 jeweils ein Prochiralitätszentrum ist.

❗ 103

b) Am acetylsubstituierten Ende der Ethylidengruppe sind die be...

Sulopenem enthält sechs Chiralitätszentren (ein Schwefel-, ein Stickstoff- und vier Kohlenstoffatome). Der Hydroxyethylrest ist *R*-konfiguriert. Das Kohlenstoffatom, an das er gebunden ist, besitzt *S*-Konfiguration, wie aus der Rangfolge der daran gebundenen Gruppen abzuleiten ist: C(S,N,H) > C(O,(O),C) > C(O,C,H) > H. Am benachbarten Kohlenstoffatom ergibt sich die Rangfolge S > N > C > H und damit *R*-Konfiguration, weil das Atom geringster Priorität zum Betrachter hin gerichtet ist. Im Thiolanring gibt es ein *S*-konfiguriertes Kohlenstoffatom und ein Sulfoxid mit *R*-Konfiguration. (Man beachte hier den Unterschied zwischen einer Sulfinyl- und Sulfonylgruppe.) Schließlich kann noch die *S*-Konfiguration am Stickstoffatom ermittelt werden. Sie ergibt sich aus der Rangfolge C(S,C,H) > C(O,(O),C) > C(C,C,(C)) > e⁻, wobei das freie Elektronenpaar in der gezeigten Orientierung der Formel zum Betrachter hin gerichtet ist.

❗ 104

a) Die beiden Seiten der Doppelbindung von (*E*)-1-Brompropen sind enantiotop. Am bromsubstituierten Ende schaut man bei der gezeigten Formel auf die *Si*-Seite, am anderen Ende der Doppelbindung jedoch auf die *Re*-Seite.

b) Am methylsubstituierten Ende der Ethylidengruppe sind die beiden Seiten der C-C-Doppelbindung enantiotop. Man schaut bei der gezeigten Formel auf die *Re*-Seite. Am anderen Ende der Doppelbindung sind zwei gleiche Gruppen (hier Acetylgruppen) vorhanden, weshalb die beiden Seiten an diesem Kohlenstoffatom homotop sind. Die beiden Seiten jeder der (zueinander diastereotopen) Acetylgruppen sind enantiotop. In der gezeigten Formel schaut der Betrachter auf die *Si*-Seite der rechten und die *Re*-Seite der linken Carbonylgruppe.

$$\underset{\underset{3}{H}\quad\underset{2}{CH_3}}{\underset{\displaystyle\|}{H_3C}\overset{\displaystyle O\quad O}{\underset{1}{C}}CH_3}$$

c) In dieser Verbindung sind die beiden Seiten an den Kohlenstoffatomen 2 und 3 enantiotop, während sie in Position 4 homotop sind, da dort zwei Methylgruppen gebunden sind. In Position 3 schaut man bei der gezeigten Formel auf die *Si*-Seite, an Position 2 auf die *Re*-Seite. Formal existieren auch am Stickstoffatom zwei enantiotope Seiten, von denen man hier auf die *Re*-Seite blickt. Da die trigonal-pyramidalen Strukturen von Hydroxylaminen, die durch eine Addition an die C-N-Doppelbindung erhalten werden, jedoch nicht konfigurationsstabil sind, handelt es sich wirklich nur um eine formale Betrachtung.

$$\underset{\underset{1}{CH_3}\quad\underset{}{CH_3}}{\underset{N}{\overset{OH}{|}}=\underset{2}{C}\overset{H}{\underset{3}{\underset{|}{C}}}\underset{4}{C}\overset{5}{CH_3}}$$

d) Die Seiten dieser Doppelbindung sind an beiden Enden diastereotop. Bei der Addition einer noch nicht vorhandenen Gruppe, z. B. eines Bromatoms, entstünde am methylsubstituierten Ende der Doppelbindung ein weiteres Chiralitätszentrum, während am anderen Ende ein Pseudochiralitätszentrum gebildet würde. Bei der gezeigten Formel schaut man am methylsubstituierten Ende auf die *Si*-Seite, am anderen Ende auf die *re*-Seite.

$$\underset{\underset{S}{OH}\quad\underset{R}{OH}}{\underset{}{H_3C}\underset{2}{C}\overset{\underset{3}{H}\quad\overset{2}{CH_3}}{}\underset{1}{C}CH_3}$$

❶ 105

Cefmatilen enthält Chiralitätszentren an den Positionen 6 und 7 sowie am β-Lactam-Stickstoffatom. Außerdem besitzt es eine Oximgruppe. Die absolute Konfiguration an C6 ist R, wie sich aus der Rangfolge der direkt an dieses Chiralitätszentrum gebundenen Atome ergibt: S > N > C > H. An C7 wird mit der Rangfolge N > C(S,N,H) > C(O,(O),N) > H ebenfalls R-Konfiguration ermittelt. Am Stickstoffatom liegt S-Konfiguration vor. Sie ergibt sich wegen des zum Betrachter hin gerichtet zu ergänzenden freien Elektronenpaars. Die Hydroxyimino-Gruppe ist Z-konfiguriert, weil der ranghöhere Substituent [C(O,(O),N) > C(C,(C),N)] auf der gleichen Seite wie die Hydroxygruppe liegt. Im Gegensatz zu einem einfach gebundenen Stickstoffatom ist das doppelt gebundene Stickstoffatom in einem Oxim konfigurativ relativ stabil.

🛈 **106**

Maleinsäureanhydrid reagiert mit Cyclopenta-1,3-dien im Sinne einer Diels-Alder-Reaktion. Bei der Reaktion können zwei – wegen der vorhandenen Spiegelebene – achirale, zueinander diastereomere Verbindungen entstehen, die eine *endo*- bzw. *exo*-ständige Dicarbonsäureanhydrid-Gruppierung enthalten. Sie unterscheiden sich in der absoluten sowie der relativen Konfiguration an der den beiden Ringen gemeinsamen Bindung. Unter Standardbedingungen verläuft die Diels-Alder-Reaktion als stereospezifische Reaktion unter deutlicher *endo*-Präferenz. Man beachte, daß in den tricyclischen Reaktionsprodukten aus Gründen des Reaktionsverlaufs keine *trans*-Verknüpfung des Ringsystems vorkommen kann. Die anschließende Reduktion liefert daher auch nur zwei Diole, die ebenfalls diastereomer zueinander sind. Man kann folglich davon ausgehen, sie an einer achiralen stationären Phase chromatographisch trennen zu können.

🛈 **107**

Das R_a-Isomer hat die abgebildete Konformation. Der Bromsubstituent in Position 2 des Phenylrestes verhindert weitgehend, daß die beiden Ringsysteme coplanar angeordnet sind. Um den bromsubstituierten Phenylring in einen Torsionswinkel von 0° zu zwingen, wird ein Energiebetrag von 30,8 kcal/mol berechnet. Im Vergleich dazu beträgt der Energiebetrag 9,1 kcal/mol bei der Verbindung mit unsubstituiertem Phenylring [2].

$$E_{rot} = 30{,}8 \text{ kcal/mol}$$

⚠ 108

Das Brückenkopfatom an Position 1 ist *R*-konfiguriert. Die Rangfolge der daran gebundenen Atome ist N > C(C,C,H) > C(C,H,H) > H. An Position 2 ist die Rangfolge der daran gebundenen Gruppen C(N,(N),H) > C(N,C,H) > C(C,C,H) > H. Zu beachten ist hier, daß ein doppelt gebundenes Stickstoffatom durch die Duplikatdarstellung als zwei Stickstoffatome zählt. An C3 sind die Gruppen für den Betrachter in der Reihenfolge ihrer Priorität gegen den Uhrzeigersinn angeordnet, daraus folgt *S*-Konfiguration. Das zweite Brückenkopfatom ist *S*-konfiguriert. Das rangniedrigste Wasserstoffatom kann hier nur vom Betrachter weg gerichtet stehen. Die Konfiguration der Doppelbindung ist *E*, weil beide Substituenten auf verschiedenen Seiten der Doppelbindung stehen. Neben der absoluten Konfiguration kann auch die relative Konfiguration an den Zentren 2 und 3 angegeben werden. Der Substituent an Position 2 steht auf der der Hauptbrücke (dem Stickstoffatom) gegenüberliegenden Seite und ist damit *endo*-ständig. Der Dichlorphenyl-Ring ist dagegen *exo*-ständig.

🔵 **109**

(2R,3s,4S)-2,3,4-Trichlorpentandisäure ist eine Mesoverbindung. Da an Position 3 zwei enantiomorphe Gruppen gebunden sind, ist dort ein Pseudochiralitätszentrum. s-Konfiguration ergibt sich, weil der R-konfigurierten Gruppe nach den Regeln des CIP-Systems höhere Priorität als der S-konfigurierten zukommt.

🔵 **110**

Die Konfiguration aller Chiralitätszentren ist in der Formel angegeben. Für das Chiralitätszentrum in Position 7 des Ringes ist exemplarisch der Digraph zur Ermittlung der Rangfolge der einzelnen Gruppen gezeigt.

🔵 **111**

Die Verbindung besitzt eine Chiralitätsebene. Zur Bestimmung von deren Konfiguration muß man zuerst das Leitatom ermitteln. Es ist das nach dem CIP-System ranghöchste Atom außerhalb der Chiralitätsebene, das direkt an ein Atom in der Ebene gebunden ist, und in der Formel durch einen Pfeil gekennzeichnet. Beim Blick von diesem Atom auf die Chiralitätsebene sind die Atome auf dem Weg zur Cyangruppe in einem Bogen, der gegen den Uhrzeigersinn verläuft, angeordnet. Somit liegt S_p-Konfiguration vor.

! **112**

a) Das Bromoniumion, das aus Maleinsäure erhalten wird, ist spiegelsymmetrisch. Da die anschließende nukleophile Substitution mit Methanolat an beiden Ringkohlenstoffatomen gleich wahrscheinlich ist, entsteht ein Racemat. Die Reaktion verläuft also nicht enantioselektiv, wohl aber stereoselektiv, denn es entsteht ausschließlich das u-konfigurierte Racemat, weil der Reaktionsschritt der Ringöffnung unter Walden-Umkehr verläuft.

b) Das aus Fumarsäure erhaltene Bromoniumion hat lediglich eine zweizählige Drehachse. Es entstehen folglich zwei enantiomere Bromoniumionen. Der Angriff von Methanolat erfolgt bei jedem von ihnen mit gleicher Wahrscheinlichkeit an C2 und C3, wobei jeweils dasselbe l-konfigurierte Produkt und insgesamt das Racemat erhalten wird. Auch diese Reaktion verläuft also nicht enantioselektiv, aber stereoselektiv. Da aus der zu Maleinsäure stereoisomeren Fumarsäure auch ein Produkt erhalten wird, das zu dem aus Maleinsäure erhaltenen stereoisomer ist, ist die Reaktion auch stereospezifisch.

❗ 113

Um eine β-Eliminierung von HBr aus (1S,2R)-1-Brom-2-fluor-1,2-diphenyl-ethan durchführen zu können, benötigt man eine Base, die das Hydron in der β-Position zum Bromatom abzieht. Die Reaktion verläuft als E2-Reaktion, in der der Angriff der Base, die Ausbildung der Doppelbindung und die Abspaltung des Bromids als konzertierter Prozeß stattfinden. Voraussetzung dafür ist, daß die beiden abzuspaltenden Gruppen antiperiplanar zueinander angeordnet sind. Das entstehende Olefin ist folglich E-konfiguriert. Die Umsetzung der R,R- bzw. S,S-konfigurierten Isomere liefert aus demselben Grund jeweils das Z-konfigurierte Olefin. Es handelt sich um eine stereospezifische Reaktion, da die absolute Konfiguration des Eduktes die Konfiguration im Produkt eindeutig festlegt.

❗ 114

Eplivanserin hat drei stereogene Einheiten. Neben einem E-konfigurierten Alken existiert ein Z-konfiguriertes substituiertes Oxim. Die zwischen den beiden Doppelbindungen befindliche Einfachbindung besitzt partiellen Doppelbindungscharakter. Dargestellt ist das s-trans-Isomer; das bedeutet, daß eine antiperiplanare Konformation vorliegt.

🚫 **115**

a) In diesem Phosphan wird das freie Elektronenpaar als die rangniedrigste Gruppe behandelt. Es ergibt sich somit *S*-Konfiguration.

b) Auch dieses Phosphinat ist *S*-konfiguriert. Dabei ist zu beachten, daß die Beiträge der d-Orbitale zu Doppelbindungen vernachlässigt werden. Bei der P-O-Doppelbindung werden also keine Duplikatatome bei der Bestimmung der absoluten Konfiguration verwendet. Somit hat die Methoxygruppe Vorrang vor dem doppelt gebundenen Sauerstoffatom.

c) Das freie Elektronenpaar am Schwefelatom, das zur pyramidalen Struktur führt, ist als die rangniedrigste an das Chiralitätszentrum gebundene Gruppe vom Betrachter weg gerichtet. Dieses Sulfoxid besitzt daher *S*-Konfiguration.

d) Die absolute Konfiguration dieser Koordinationsverbindung wird mit dem Deskriptor *A* angegeben. Zu dessen Ermittlung blickt man vom rang-höchsten Liganden aus auf die vier Liganden in der unter ihm liegenden Ebene und beurteilt, ob sie gemäß ihrer Rangfolge im CIP-System im Uhrzeigersinn oder entgegen dem Uhrzeigersinn angeordnet sind. Da Bromid, Pyridinring, Nitrit und Ammoniak (es wird diese Reihenfolge betrachtet, weil Pyridin Vorrang vor Ammoniak hat) beim Blick vom Iodatom aus gegen den Uhrzeigersinn angeordnet sind, folgt die *A*-Konfiguration.

OC-6-34-*A*

❗ 116

Zur Ermittlung des gefragten Diastereomers blickt man von der Seite auf die Verbindung und bewegt einen der beiden Benzenringe im Uhrzeigersinn. Dadurch entsteht ein Torsionswinkel um die Chiralitätsachse zwischen den beiden aromatischen Ringen. Diese Verdrillung wird verursacht durch die gegenseitige sterische Hinderung der Methoxygruppen der beiden Benzenringe und das Bestreben des achtgliedrigen Ringes, eine nicht-planare Konformation einzunehmen. Anschaulich, allerdings idealisiert, läßt sich das Rotamer in einer Projektion darstellen, die an die Newman-Projektion angelehnt ist. In dieser wird auch deutlich, daß die Verbindung von beiden Seiten her betrachtet werden kann. An beiden Enden der Chiralitätsachse haben jeweils die Methoxygruppen (Prioritätszahl 1 und 3) höhere Priorität als die beiden Methylengruppen (Prioritätszahl 2 und 4).

❶ 117

❶ 118

Oxilofrin wird zuerst in der Fischer-Projektion gezeichnet, da der Stereo-deskriptor *erythro* die relative Orientierung der heteroatomaren Gruppen in der Fischer-Formel bezeichnet. Da mit dem Deskriptor *erythro* eine relative Konfiguration bezeichnet wird, sind zwei Enantiomere zu berücksichtigen. Danach werden die Fischer-Formeln in Formeln in der Zick-Zack-Schreib-weise überführt. Zur Kontrolle wird die Konfiguration an den Chiralitäts-zentren in allen Formeln überprüft. Sie muß bei den Umwandlungen un-verändert bleiben.

! **119**

An allen drei Chiralitätszentren ist das Wasserstoffatom mit einem fetten Keil zu ergänzen. An den beiden Anellierungsstellen ist die Rangfolge jeweils N > C(S,...,H) > C(N,C,H) > H, an Position 4 lautet sie S > C(N,C,H) > C(C,H,H) > H.

! **120**

Bei der Überführung einer Formeldarstellung in eine andere Darstellung ist sicherzustellen, daß nicht nur die Konstitution richtig übertragen wird, sondern daß auch die Darstellung der Konfiguration jeder stereogenen Einheit richtig bleibt. Dies wird gewährleistet, indem zur Kontrolle in der Ausgangsdarstellung, hier in der Haworth-Formel, und in der Zieldarstellung, hier in der Mills-Darstellung, an jedem Chiralitätszentrum die absolute Konfiguration bestimmt wird.

! 121

Die chemisch äquivalenten Wasserstoffatome sind jeweils mit gleichen Ziffern bezeichnet.

a)

b)

c)

❗ 122

Bei der Aldolreaktion zwischen Benzaldehyd und Butanon ist zu beachten, daß Butanon verschiedene Enolate bilden kann. Das unter den angegebenen Bedingungen gebildete thermodynamisch stabilere höhersubstituierte Butanon-Enolat kann dabei zudem als E- und Z-Isomer entstehen. Schließlich erfolgt der nukleophile Angriff auf die Aldehydgruppe des planar gebauten Benzaldehyds sowohl von der Re- als auch von der Si-Seite. Man erhält daher die abgebildeten vier Produkte. Aus dem Z-Enolat entstehen bevorzugt die beiden l-konfigurierten Enantiomere **A** und **B**, während das E-Enolat überwiegend die u-konfigurierten Enantiomere **C** und **D** liefert.

A   B   C   D

❗ 123

Die Verbindung enthält eine Chiralitätsachse durch die Doppelbindung und das Kohlenstoffatom 1. Zur Bestimmung der absoluten Konfiguration schaut man entlang dieser Achse, z. B. so, daß der Blick zuerst auf C1 fällt und die Hydroxygruppe und die Brommethyl-Gruppe vertikal angeordnet sind. Die Substituenten an der Methylidengruppe an C4 sind dann horizontal ausgerichtet. Die Rangfolge der vier zu betrachtenden Gruppen ist in der Projektion angegeben. Daraus kann die S_a-Konfiguration abgelesen werden, und die Verbindung heißt (S_a)-1-(Brommethyl)-4-[chlor(methoxy)-methyliden]cyclohexanol.

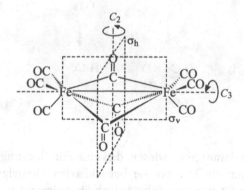

124

Die Symmetrieelemente sind drei C_2-Achsen durch je eine Brückencarbonyl-gruppe und den Molekülmittelpunkt, drei vertikale Spiegelebenen σ_v, die jeweils die Eisenatome und einen Brückenliganden enthalten, und eine horizontale Spiegelebene σ_h, die im rechten Winkel zur Hauptdrehachse C_3 steht und alle Brückenliganden enthält. Vollziehen Sie die Gedanken anhand des im Anhang abgebildeten Flußdiagramms nach. $[Fe_2(CO)_9]$ besitzt damit die Symmetriepunktgruppe D_{3h}. Es sei darauf hingewiesen, daß die tatsächliche Struktur dieses zweikernigen Eisencarbonyl-Komplexes im Kristall marginal von dieser Idealsymmetrie abweicht [3].

! 125

Zuerst werden aus den Fischer-Projektionen die entsprechenden Sägebock-Formeln generiert. Dabei ist zu beachten, daß für eine Eliminierung mit Base, die als E2-Reaktion verläuft, der Tosylatrest antiperiplanar zum von der Base abstrahierten Proton bzw. Deuteron am benachbarten Kohlenstoffatom stehen muß. Wegen dieses Mechanismus' ist die Konfiguration der entstehenden Doppelbindung vorhersagbar. Da die sterische Hinderung im Überganszustand, der zum Z-Isomer führt, in beiden Fällen größer ist, sollte jeweils das E-Isomer als Hauptprodukt erwartet werden.

Es sei hier auch darauf hingewiesen, daß eine Eliminierung durch den Angriff der Base auf ein Hydron der benachbarten Methylgruppe ebenfalls möglich ist. Die E2-Reaktion führt jedoch überwiegend zum thermodynamisch stabileren Produkt mit der höhersubstituierten Doppelbindung.

! 126

Chiral sind die synclinalen und die anticlinalen Konformationen von 2-Chlorethanol, die je nach Drehrichtung als +sc und −sc bzw. +ac und −ac bezeichnet werden. Darüber hinaus gibt es unendlich viele weitere chirale Konformationen, nämlich alle mit Ausnahme der synperiplanaren und der antiperiplanaren.

−sc   −ac   +sc   +ac

❗ 127

Cinchonin besitzt fünf Chiralitätszentren. Beachten Sie, daß wegen des starren Molekülbaus das Stickstoffatom im Chinuclidingerüst ebenfalls ein Chiralitätszentrum ist. Dessen absolute Konfiguration wird mit dem Deskriptor S angegeben, da das freie Elektronenpaar als Gruppe mit der niedrigsten Priorität zum Betrachter hin gerichtet ist.

❗ 128

Durch den partiellen Doppelbindungscharakter der Amid-C-N-Bindung herrscht eingeschränkte Drehbarkeit um diese Bindung. Neben den drei Thiophenlagen finden sich im ^{1}H-NMR-Spektrum deshalb zwei breite Singuletts für die beiden Wasserstoffatome der Amidgruppe. Sie sind diastereotop und folglich chemisch und magnetisch inäquivalent und können mit den Deskriptoren *pro-Z* und *pro-E* spezifiziert werden.

❗ 129

1-Methylcyclopenta-1,3-dien als Dien und Maleinsäureanhydrid als Dienophil reagieren im Sinne einer Diels-Alder-Reaktion miteinander, wobei vier
Stereoisomere entstehen, zwei zueinander diastereomere Enantiomerenpaare. Enantiomere sind jeweils die beiden Verbindungen mit *endo*-ständi-
ger Dicarbonsäureanhydrid-Gruppierung und die beiden Verbindungen, in
denen diese Gruppierung *exo*-ständig ist.

❗ 130

Es handelt sich um Isobornylacetat mit *exo*-ständiger Acetatgruppe, von
dem es zwei Enantiomere gibt, das *R,R,R*- und das spiegelbildliche *S,S,S*-Iso-
mer. Der in der Aufgabenstellung genannte Name bezeichnet das Racemat.

❗ 131

Von *cis*-1-[(*R*)-*sec*-Butyl]-2-methylcyclohexan gibt es zwei Isomere, denn
der Stereodeskriptor *cis* gibt lediglich die relative Konfiguration der beiden
Chiralitätszentren am Ring an. Da die Seitenkette beider Verbindungen
R-konfiguriert ist, handelt es sich um Diastereomere. Jedes Diastereomer
existiert in zwei Sesselkonformationen. Die energetisch günstigeren Konformere werden die mit äquatorial stehender *sec*-Butylgruppe sein, weil bei
diesen die raumerfüllende Ethylgruppe in größtmöglicher Entfernung vom
Ringsystem zu liegen kommt.

132

Diese Verbindung enthält eine Chiralitätsachse mit S_a-Konfiguration. Um diese zu ermitteln, werden die vier Substituenten in den zwei zueinander senkrechten Ebenen am vorderen und hinteren quartären Zentrum in einer Projektion gezeichnet, die dem Blick entlang der Chiralitätsachse entspricht. Die dem Betrachter näher stehenden Gruppen haben dabei Vorrang vor den weiter entfernten Gruppen. So kann von der dem Betrachter näher stehenden Ethylgruppe über die näher stehende Methylgruppe zu der weiter entfernten Ethylgruppe ein Bogen gegen den Uhrzeigersinn beschrieben werden.

133

134

Um von Pentan-2-ol zu Pentan-2-amin zu gelangen, müßte die Hydroxygruppe durch eine Aminogruppe substituiert werden. Dazu muß, wenn die
Reaktion sterisch einheitlich verlaufen soll, die Hydroxygruppe zuerst in
eine bessere Abgangsgruppe umgewandelt werden, was durch Veresterung
mit Essigsäure oder besser mit Hilfe von Tosylchlorid zum Tosylat gelingt.
Mit Natriumazid kann dann eine S_N2-Reaktion durchgeführt werden, die
zum 2-Azidopentan führt, welches mit Lithiumaluminiumhydrid oder mit
Triphenylphosphan zum Amin reduziert werden kann. Da bei dieser Reaktionsfolge bei der Substitution des Tosylates eine Inversion eintritt, ist als
Ausgangsmaterial für das (S)-Pentan-2-amin der R-konfigurierte Alkohol
einzusetzen.

Beachten Sie, daß Alkylazide potentiell explosionsgefährlich sind. Dies ist
neben der einfacheren Reaktionsführung mit ein Grund dafür, daß für die
hier beschriebene Reaktion zumeist die Mitsunobu-Reaktion bevorzugt
wird. In ihr kann der Alkohol mit Diethyldiazendicarboxylat, Triphenylphosphan und Stickstoffwasserstoffsäure in einer Eintopfreaktion – ebenfalls unter Inversion – zum Amin umgesetzt werden. Das dabei intermediär
entstehende Azid wird durch überschüssiges Triphenylphosphan in situ
reduziert.

135

Der Stereodeskriptor *erythro* bezeichnet die Stellung von Chloratom und
Hydroxygruppe auf derselben Seite der Hauptkette in einer Fischer-Projektion. Da er nichts über die absolute Konfiguration aussagt, kommen beide
Enantiomere in Frage. Die Fischer-Formel, die eine ekliptische Konformation repräsentiert, wird am einfachsten zuerst in die (ebenfalls ekliptische)
Sägebock-Schreibweise überführt. Nun muß eine Molekülhälfte gedreht
werden, um die beiden Bezugsgruppen, das Chloratom und die Hydroxygruppe, in antiperiplanare Stellung zu bringen. Aus der erhaltenen Formel
wird schließlich die Newman-Projektion abgeleitet.

erythro   *ap*

❗ 136

❗ 137

Die Epimere von (2R,4aR,8aR)-Decahydronaphthalen-2-ol sind (2S,4aR,8aR)-Decahydronaphthalen-2-ol, (2R,4aS,8aR)-Decahydronaphthalen-2-ol und (2R,4aR,8aS)-Decahydronaphthalen-2-ol. Beachten Sie, daß Epimere sich immer nur an einem Chiralitätszentrum in der absoluten Konfiguration unterscheiden.

❗ 138

[Ca(EDTA)]$^{2-}$ besitzt nur eine C_2-Achse und keine Spiegelebene. Daher gehört es zur Symmetriepunktgruppe C_2. Der Komplex ist damit chiral. Die Enantiomere erhalten die Deskriptoren OC-6-2'1'-C und OC-6-2'1'-A. Zur Unterscheidung der verschiedenen Stickstoffatome und der an sie gebundenen Carboxymethyl-Gruppen werden ihre Prioritätszahlen zum Teil mit Strichen versehen. Es gilt dann, daß die Prioritätszahl ohne Strich Vorrang vor der gleichen Prioritätszahl mit Strich anzeigt. Für das Ergebnis der Konfigurationsbestimmung – auch der absoluten Konfiguration, die mit dem Chiralitätssymbol A oder C ausgedrückt wird – ist es unerheblich, welches Stickstoffatom die gestrichene Prioritätszahl erhält.

OC-6-2'1'-C　　　　　　OC-6-2'1'-A

❗ 139

Der Stereodeskriptor *sn* besagt, daß der Name der Konvention der stereospezifischen **N**umerierung der Atome des Glycerols folgt. Die Formel muß daher in einer Fischer-Projektion mit L-Konfiguration gezeichnet werden.

❗ 140

Omapatrilat enthält das in der Formel hervorgehobene L-Homocystein-Fragment. Tatsächlich steht am Anfang einer publizierten Synthese dieser Verbindung die Enantiomerentrennung eines Homocystein-Derivates [4].

❗ 141

❗ 142

Der Stereodeskriptor für das Anion dieser Verbindung lautet *TBPY*-5-11 und wird im Namen in runde Klammern eingeschlossen: (*TBPY*-5-11)-Bis(*tert*-butyldiphenylsilyl)tris(dimethylamido)hafnat(1–). Er setzt sich zusammen aus dem Polyedersymbol *TBPY*-5 für die **trigonal-bipy**ramidale Struktur mit der Koordinationszahl 5 und dem Konfigurationsindex, der (in aufsteigender Reihenfolge) die nach dem CIP-System ermittelten Prioritätszahlen der beiden apicalen Liganden angibt.

🛈 143

Die Verbindung besitzt ein *S*-konfiguriertes Chiralitätszentrum im 4,5-Dihydro-1,3-oxazol-Ring. Außerdem hat sie eine Chiralitätsebene, nämlich den Benzenring mit dem Lokanten 1 im Cyclohexaphan-Gerüst. Das Leitatom zur Bestimmung der Konfiguration ist Atom 5. Es ist von den beiden in Frage kommenden Atomen 3 und 5 das nach dem CIP-System ranghöhere, weil man von ihm aus auf dem für die beiden Atome ansonsten identischen Entscheidungsweg zuerst zum Selenatom gelangt. Beim Blick vom Leitatom auf die Chiralitätsebene sind die Atome 6, 1^4, 1^3 und Selen in einem Bogen, der gegen den Uhrzeigersinn verläuft, angeordnet. Somit liegt S_p-Konfiguration vor.

🛈 144 ·

Obwohl die Reaktion unter Retention verläuft, ändert sich der Deskriptor für die Konfiguration am Phosphoratom, weil sich eine neue Rangfolge der Substituenten ergibt. Beachten Sie, daß die Ethoxygruppe am Phosphoratom höhere Priorität als das doppelt gebundene Sauerstoffatom hat, weil die P-O-Doppelbindung unberücksichtigt bleibt und folglich keine Duplikatatome zu beachten sind. (Durch Einbau solcher Bausteine in Oligonucleotide konnte gezeigt werden, daß der stabilisierende Effekt solcher Fragmente für DNA-Duplexe mit komplementärer RNA bei den am Phosphoratom *R*-konfigurierten Epimeren stärker ausgeprägt ist als bei den am Phosphoratom *S*-konfigurierten Diastereomeren [5].)

145

Die Verbindung ist *R*-konfiguriert. Beachten Sie, daß das freie Elektronenpaar am Schwefelatom in der gezeigten Formel als zum Betrachter hin gerichtet ergänzt werden muß. Beiträge der d-Orbitale zur S-O-Doppelbindung werden nicht zur Bestimmung der Rangfolge der an das Chiralitätszentrum gebundenen Gruppen herangezogen. Daher hat der Decyloxyrest Vorrang vor dem doppelt gebundenen Sauerstoffatom. Die Verbindung wurde zur Synthese chiraler flüssigkristalliner Substanzen eingesetzt [6].

146

Wie an den Formeln der beiden *endo*-substituierten Enantiomere von Renzaprid zu sehen ist, verhält sich die relative Konfiguration reflexionsinvariant, während die absolute Konfiguration beim Spiegeln invertiert wird.

! 147

Zuerst wird die Konfiguration der Chiralitätszentren in der Ausgangsverbindung bestimmt und danach an der gespiegelten Verbindung. Der Vergleich der beiden Formeln zeigt, daß sie enantiomer zueinander sind, Enniatin B ist somit chiral. Zur Ermittlung der Symmetriepunktgruppe mit Hilfe des Flußdiagramms im Anhang wird zunächst gefragt, ob die Verbindung eine unendlich-zählige Drehachse enthält. Die Verneinung führt zu der Frage, ob eine Drehachse endlicher Zähligkeit existiert. Dies ist der Fall. Als Drehachse höchster Zähligkeit gibt es eine C_3-Achse. Auf die Frage nach weiteren C_3-Achsen, die es nicht gibt, folgt die Frage nach C_2-Achsen, die orthogonal zur C_3-Achse stehen. Auch solche existieren nicht. Die Fragen nach einer horizontalen und nach vertikalen Spiegelebenen müssen ebenfalls verneint werden. Nun muß noch entschieden werden, ob eine sechszählige Drehspiegelachse parallel zur C_3-Achse vorhanden ist. Da dies nicht der Fall ist, lautet die Symmetriepunktgruppe für Enniatin B C_3.

Enniatin B   *ent*-Enniatin B

! 148

trans-1,3-Dichlorcyclopentan (**A** und/oder *ent*-**A**) zeigt im ^{1}H-NMR-Spektrum ein Intensitätsverhältnis der Signale von 1:1:1:1, weil es vier Paare homotoper Wasserstoffatome besitzt. Diese chemisch äquivalenten Atome (sie besitzen jeweils gleiche chemische Umgebung), sind in der Formel jeweils mit gleichen Nummern gekennzeichnet. Die *cis*-konfigurierte Verbindung **B** liefert ein Integralflächenverhältnis von 2:2:1:1:2. Gleichnumerierte, chemisch äquivalente Wasserstoffatome sind hier jedoch jeweils enantiotop.

A 1:1:1:1   *ent*-**A** 1:1:1:1   **B** 2:2:1:1:2

⚠ **149**

Zuerst werden in der Zick-Zack-Formel die zum Betrachter hin gerichteten Gruppen ergänzt und die Konfiguration der beiden Chiralitätszentren der Ausgangsverbindung bestimmt. Sie muß bei allen nachfolgenden Transformationen erhalten bleiben. Da die Formel bereits dieselbe Konformation darstellt wie die Fischer-Projektion, kann die perspektivische Darstellung über nur einen Zwischenschritt in die Fischer-Projektion überführt werden. Sie muß betrachtet werden, da die Stereodeskriptoren *threo* und *erythro* die relative Orientierung der heteroatomaren Gruppen in der Fischer-Formel bezeichnen. Da sie in diesem Fall auf verschiedenen Seiten der vertikal orientierten Kohlenstoffkette liegen, ist Levofacetoperan *threo*-konfiguriert. (Beachten Sie auch den geringen strukturellen Unterschied zu Methylphenidat, Aufgabe 80.)

150

! **151**

Bei dieser Verbindung handelt es sich um ein Amid, dessen Amid-C-N-Bindung wegen des partiellen Doppelbindungscharakters eingeschränkte Drehbarkeit aufweist. Die Signale der daraus resultierenden und im Vergleich zur NMR-Zeitskala langlebigen E- und Z-Isomere können im Spektrum unterschieden werden.

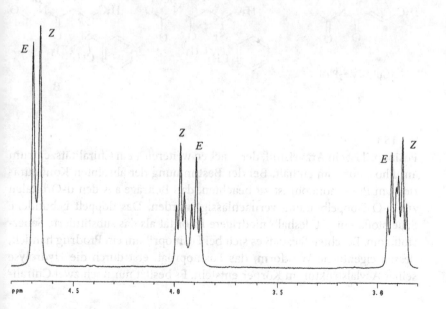

❗ 152

Lithiumcuprate reagieren mit α/β-ungesättigten Carbonylverbindungen unter 1,4-Addition. Es sollten also die beiden abgebildeten Diastereomere, **A** und **B**, zu erwarten sein, wobei das Verhältnis der beiden Produkte von den genauen Reaktionsbedingungen abhängt. Unter der Annahme der Stabilisierung der gezeigten Konformation des Eduktes durch Komplexbildung mit Metallionen während der Reaktion ist von einem bevorzugten Angriff der Silylgruppe von der dem Leser zugewandten, sterisch weniger gehinderten Seite auszugehen, so daß ein Überschuß von **A** im Produktgemisch zu erwarten ist. Tatsächlich wurde beobachtet, daß sowohl die Ausbeute als auch das Diastereomerenverhältnis sehr stark vom Gehalt an Dimethylsulfan im Reaktionsmedium (bzw. im eingesetzten Cuprat) abhängig sind. Bei einem Gehalt von 0,75 mol% Dimethylsulfan bezogen auf das Cuprat wird **A** gegenüber **B** enorm begünstigt (Diastereomerenverhältnis 97:3), während die Isomere bei Abwesenheit von Dimethylsulfan ungefähr im Verhältnis 1:1 entstehen [7].

❗ 153

Fosinopril ist ein Arzneistoff, der – neben weiteren – ein Chiralitätszentrum am Phosphoratom enthält. Bei der Bestimmung der absoluten Konfiguration am Phosphoratom ist zu beachten, daß Beiträge aus den d-Orbitalen zur P-O-Doppelbindung vernachlässigt werden. Das doppelt gebundene Sauerstoffatom hat deshalb niedrigere Priorität als das substituierte Sauerstoffatom. Beachten Sie, daß es sich bei Fosinopril um ein Prodrug handelt, dessen eigentliche Wirkform, das Fosinoprilat, erst durch die Hydrolyse seiner Acylalstruktur im Körper entsteht. Es besitzt nur noch zwei Chiralitätszentren, da die freie Phosphinsäure wegen Tautomerie nicht konfigurationsstabil ist.

Fosinopril

Fosinoprilat

🛈 154

Von Dichlorcyclopropan existieren drei vicinal dichlorierte Stereoisomere und die geminal dichlorierte Verbindung **A** (mit einer zweizähligen Drehachse und zwei diese Achse enthaltenden vertikalen Spiegelebenen, Punktgruppe C_{2v}). Da alle ihre Wasserstoffatome jeweils paarweise durch eine Symmetrieoperation ineinander überführbar sind, sind sie alle äquivalent. Das ^{1}H-NMR-Spektrum zeigt daher nur ein Signal. Die *cis*-konfigurierte Verbindung **B** ist achiral und eine Mesoverbindung (mit einer Spiegelebene, Punktgruppe C_s). Die durch die Spiegelebene aufeinander abgebildeten Wasserstoffatome sind äquivalent und geben daher nur ein Signal von doppelter Intensität. Es ist folglich ein Integralflächenverhältnis von 2 : 1 : 1 zu erwarten. **C** und **D** sind *trans*-konfiguriert, chiral und damit enantiomer zueinander. Sie besitzen lediglich eine zweizählige Drehachse und haben daher die Punktgruppe C_2. Es werden zwei Lagen für die Wasserstoffsignale erwartet, da die Wasserstoffatome durch die Drehachse paarweise aufeinander abgebildet werden. Chemisch äquivalente Wasserstoffatome sind in den Formeln gleichnumeriert.

A   **B** 2 : 1 : 1   **C** 1 : 1   **D** 1 : 1

! **155**

a) Die Verbindung ist durch die Angabe der Konfiguration des Pseudochiralitätszentrums eindeutig charakterisiert. Zu deren Ermittlung ist jedoch die Bestimmung der Konfiguration der Chiralitätszentren erforderlich. Da die Verbindung achiral ist, ist es auch eindeutig, wenn man angibt, daß der Indol-3-yl-Substituent *exo*-ständig ist. Es sind zwei Diastereomere möglich, die sich in der Stellung dieser Gruppe und damit in der Konfiguration des Pseudochiralitätszentrums unterscheiden.

b) Bei dieser Verbindung ist *E*/*Z*-Isomerie an der Doppelbindung möglich. Dabei hat der *R*-konfigurierte Zweig des Bicyclus' Vorrang vor dem *S*-konfigurierten. Die beiden möglichen Isomere sind Enantiomere.

c) Die Verbindung besitzt zwei Chiralitätszentren. Es sind somit Enantiomerie und Diastereomerie möglich (insgesamt drei Stereoisomere, weil eine Mesoverbindung existiert). Beachten Sie bei der Bestimmung der Konfiguration, daß die *tert*-Butylgruppe die rangniedrigste Gruppe ist. Die

Methylengruppe ist ranghöher als die Phenylgruppe, weil ein Siliciumatom an sie gebunden ist.

d) Die Verbindung ist durch die Angabe der Konfiguration der Doppelbindung zwischen den beiden Ringsystemen eindeutig charakterisiert. Da an das eine Ende zwei enantiomorphe Gruppen gebunden sind, sind die *E/Z*-Isomere Enantiomere.

e) Von dieser Verbindung gibt es sowohl ein Enantiomer als auch Diastereomere. Das Enantiomer ist das *E*-Isomer.

🛑 **156**

Nach der Ermittlung der Konfiguration der Chlorethyl-Gruppen wird die Bestimmung der Symmetriepunktgruppe anhand des Flußdiagramms im Anhang vorgenommen. Da das Molekül nicht linear ist und deshalb keine unendlich-zählige Drehachse haben kann, wird nach der n-zähligen Drehachse höchster Zähligkeit gefragt. Dies ist eine einzige C_2-Achse. Damit erübrigt sich die Frage, ob diese senkrecht zu weiteren C_2-Achsen steht. Eine horizontale Spiegelebene liegt nicht vor, ebensowenig eine vertikale Spiegelebene, so daß nur noch die Frage entschieden werden muß, ob die C_2-Achse zugleich eine S_4-Achse ist. Dies ist der Fall, da eine Drehung um 90° mit anschließender Spiegelung an einer dazu senkrechten Ebene das Molekül wieder auf sich selbst abbildet. Die Symmetriepunktgruppe lautet daher S_4 mit den beiden Symmetrieelementen C_2 und S_4.

🛑 **157**

Die Verbindung besitzt in der Seitenkette ein S-konfiguriertes Chiralitätszentrum. Ferner gibt es zwei Chiralitätsebenen, da beide Benzenringe unsymmetrisch substituiert sind. Das Leitatom zur Bestimmung der Konfiguration muß für jede der beiden Chiralitätsebenen getrennt ermittelt werden. Für die dem Betrachter nähergelegene Chiralitätsebene (den bromsubstituierten Ring) ist es Atom 2, für die andere Chiralitätsebene Atom 3. Damit ergibt sich für den Benzenring mit der Nummer 1 S_p-Konfiguration, für den anderen R_p-Konfiguration. Diese Verbindung konnte inzwischen enantiomerenrein hergestellt werden [8].

❗ 158

Die Verbindung besitzt insgesamt acht Prochiralitätszentren, eines an jedem Kohlenstoffatom außer denen der Methylgruppen. Besondere Bedeutung für die Topizität der Wasserstoffatome hat dies bei Position 2 des Ringes. In der Seitenkette sind die Wasserstoffatome jeder der beiden Methylengruppen jeweils enantiotop. Dagegen sind die Wasserstoffatome der Methylengruppen im Ring jeweils diastereotop, weil die Methylengruppen selbst schon zwei enantiotope Gruppen des Prochiralitätszentrums in Position 2 sind, das daher ebenfalls zum Chiralitätszentrum wird, wenn man eines der Wasserstoffatome im Ring substituiert. Besonders hervorzuheben ist, daß zu jedem der Ringwasserstoffatome noch ein enantiotopes Wasserstoffatom existiert, nämlich das zu ihm cis-ständige Wasserstoffatom der benachbarten Methylengruppe.

❗ 159

Aus rac-2-Methylbutanal und Blausäure wird nach der Cramschen Regel bevorzugt das u-konfigurierte Enantiomerenpaar (2R,3S- und 2S,3R-Produkt) gebildet. Als Nebenprodukt entsteht das l-konfigurierte Racemat, (2RS,3RS)-2-Hydroxy-3-methylpentannitril.

Zur Ermittlung der Produktverteilung nach der Cramschen Regel wird die Formel in der Konformation gezeichnet, in der das Sauerstoffatom im Edukt antiperiplanar zur größten Gruppe am benachbarten Chiralitätszentrum, hier der Ethylgruppe, steht. Das Nukleophil (hier CN^-) greift dann von der sterisch weniger gehinderten Seite an. Dies ist exemplarisch für ein Enantiomer gezeigt.

❗ 160

Die Feststellung, daß alle benachbarten *sec*-Butylgruppen jeweils *trans* zueinander stehen und abwechselnd *R*- und *S*-konfiguriert sind, kann die Bestimmung der Symmetriepunktgruppe anhand des Flußdiagramms im Anhang erleichtern. Da das Molekül nicht linear ist und deshalb keine unendlich-zählige Drehachse haben kann, wird nach der *n*-zähligen Drehachse höchster Zähligkeit gefragt und bestätigt, daß nur eine C_3-Achse existiert. Dazu senkrechte C_2-Achsen sind nicht vorhanden. Eine horizontale Spiegelebene liegt nicht vor, ebensowenig eine vertikale Spiegelebene, so daß lediglich noch die Frage entschieden werden muß, ob eine mit der C_3-Achse zusammenfallende S_6-Achse gefunden werden kann. Dies ist der Fall, da eine Drehung um 60° mit anschließender Spiegelung an einer dazu senkrechten Ebene das Molekül wieder auf sich selbst abbildet. Die Symmetriepunktgruppe lautet daher S_6. Sie enthält außer den beiden bereits ermittelten Symmetrieelementen C_3 und S_6 noch ein Inversionszentrum.

❶ 161

Die Base wird ein Proton von einer der beiden Methylengruppen in α-Stellung zur Carbonylgruppe abstrahieren. Es handelt sich dabei um enantiotope Gruppen des Prochiralitätszentrums am Spiroatom. Die *pro-R*-Gruppe ist die, die im Verlauf der Reaktion die tatsächlich ranghöhere wird. Man erhält also das *R*-Produkt. Da die Bildung des Enolates mit Hilfe starker Basen bei tiefen Temperaturen irreversibel ist, heißt dies, daß, wenn die Base zu 92 % an der *pro-R*-Gruppe angreift, auch 92 % des *R*-Produktes entstehen. Im Gemisch sind dann 8 % des *S*-Enantiomers enthalten, das mit der gleichen Menge des *R*-Enantiomers 16 % Racemat bildet. Der Enantiomerenüberschuß des *R*-Produktes über dieses Racemat beträgt demnach 84 %. Mit Hilfe der Base **A** konnte die Reaktion tatsächlich wie hier dargestellt durchgeführt werden [9].

! **162**

Bei der Ermittlung der bevorzugten Sesselkonformation von (S)-2-Methoxy-
tetrahydropyran ist der anomere Effekt zu berücksichtigen. Er besagt, daß
ein Substituent mit freien Elektronenpaaren (z. B. ein Chloratom oder eine
Methoxygruppe) in Position 2 eines Pyranringes bevorzugt die axiale Stellung statt der äquatorialen Stellung einnimmt. Dieser Effekt kann durch die
abstoßende Dipol-Dipol-Wechselwirkung der freien Elektronenpaare des
Ringsauerstoffatoms mit den Elektronen des Sauerstoffatoms im Substituenten am anomeren Zentrum erklärt werden. Diese häufig verwendete ver-
einfachte Erklärung vernachlässigt jedoch eine wesentliche Beobachtung.
Die Energieunterschiede zwischen den Konformeren mit dem Substituenten in der axialen und der äquatorialen Stellung sind wesentlich größer als
es durch die Dipol-Dipol-Abstoßung zu erwarten wäre. Tatsächlich bedingt
der anomere Effekt auch eine Verkürzung der Kohlenstoff-Sauerstoff-Bin-
dung. Daraus kann geschlossen werden, daß diese Bindung einen partiellen
Doppelbindungscharakter hat, der durch Hyperkonjugation zu erklären ist.
Demnach überlappt ein freies Elektronenpaar des Ringsauerstoffatoms mit
dem antibindenden Orbital der exocyclischen Kohlenstoff-Sauerstoff-Bin-
dung, was nur möglich ist, wenn diese beiden antiperiplanar zueinander
stehen. Der gleiche Effekt wirkt auch entlang der exocyclischen C-O-Bindung, weshalb die Methylgruppe nicht antiperiplanar zur C-O-Bindung im
Ring steht.

① 163

Bei der unselektiven Reduktion beider Ketogruppen mit LiAlH$_4$ entstehen ein *cis-* und ein *trans*-Diol. Die sicherste Methode zur Ermittlung, ob die Wasserstoffatome in den Positionen 1 und 3 homotop, enantiotop oder diastereotop sind, ist der Substitutionstest, bei dem einmal das eine und einmal das andere Atom durch eine noch nicht im Molekül vorhandene Gruppe ersetzt wird. Ein Vergleich der so resultierenden Produkte führt zu dem Ergebnis, daß sie Enantiomere sind, die beiden Wasserstoffatome also enantiotop sein müssen. Dieses Ergebnis wird durch eine Symmetriebetrachtung bestätigt. In Verbindung **A** existiert ein Inversionszentrum ($i = S_2$), das die beiden Wasserstoffatome aufeinander abbildet. In Verbindung **B** ist es eine Spiegelebene, mit der die beiden Wasserstoffatome aufeinander abgebildet werden können.

! **164**

Zur Ermittlung der Symmetriepunktgruppe mit Hilfe des Flußdiagramms wird zunächst gefragt, ob die Verbindung eine unendlich-zählige Drehachse enthält. Die Verneinung führt zu der Frage, ob eine niedriger-zählige existiert bzw. welches die Drehachse höchster Zähligkeit im Molekül ist. Die Cobaltcarbonylverbindung hat eine dreizählige Achse, die durch die Spitze der trigonal-pyramidalen Struktur geht. Eine weitere dreizählige Drehachse gibt es wegen der Brückenliganden nicht. Es existiert auch keine C_2-Achse, die zu ihr orthogonal steht. Die Frage nach einer horizontalen Spiegelebene muß verneint werden, allerdings existieren drei vertikale Spiegelebenen, die jeweils durch zwei Cobaltatome und den μ-Carbonyl-Liganden der gegenüberliegenden Kante führen. Eine zur C_3-Achse parallel verlaufende S_6-Achse liegt nicht vor. Deshalb lautet die Symmetriepunktgruppe von $[Co_4(CO)_{12}]$ C_{3v} mit den Symmetrieelementen C_3 und $3\,\sigma_v$.

! **165**

(2E,4Z)-Hexa-2,4-dien reagiert mit dem Dienophil 2-Methoxycyclohexa-2,5-dien-1,4-dion im Sinne einer Diels-Alder-Reaktion zu vier Stereoisomeren. Bei der Diels-Alder-Reaktion handelt es sich um eine stereospezifische Reaktion, so daß sich die Konfiguration der beiden Edukte in den Produkten wiederfindet. Da es sich um eine konzertiert verlaufende [4 + 2]-Cycloaddition handelt, haben die Produkte auf jeden Fall *cis*-verknüpfte Ringe. Auch die Konfiguration von (2E,4Z)-Hexa-2,4-dien geht in das Produkt ein, und zwar so, daß die beiden Methylgruppen in jedem Fall *trans*-ständig sind. Die verschiedenen Stereoisomere entstehen dadurch, daß sich das Dien von beiden Seiten in jeweils zwei Orientierungen an das Dienophil anlagern kann. Beachten Sie, daß die Reaktion praktisch ausschließlich an der elektronenärmeren Doppelbindung des Dienophils erfolgt. Um zu klären, in welchem Isomerenverhältnis die resultierenden Produkte zueinander stehen, wird die absolute Konfiguration an den Chiralitätszentren bestimmt. Die Verbindungen **B** und **C** sowie **A** und **D** sind jeweils enantiomer zueinander; **A** und **D** sind diastereomer zu **B** und ebenso zu **C**, da sie sich jeweils in der absoluten Konfiguration an zwei Chiralitätszentren voneinander unterscheiden.

166

Zu der Verbindung existieren inklusive dem abgebildeten Stereoisomer $x = 2^7$ (6 Chiralitätszentren und eine Doppelbindung, die E- oder Z-konfiguriert sein kann) = 128 Isomere. Am Kohlenstoffatom in Position 4 befinden sich in der ersten Sphäre drei Kohlenstoffatome. In der zweiten Sphäre tragen alle Kohlenstoffatome ein Wasserstoffatom und zwei benachbarte Kohlenstoffatome. Erst in der dritten Sphäre fällt die Entscheidung über die Rangfolge, da O,C,C > C,C,(C) > C,C,H, so daß sich S-Konfiguration ergibt.

! **167**

Aus der Formel ist ersichtlich, daß die sechsgliedrigen Ringe alle *trans*-verknüpft sind. Dies zwingt sie in eine Sesselkonformation, in der die Substituenten an den Anellierungspositionen axial stehen. Daraus läßt sich, da sie *trans* zur Methylgruppe 19 steht, die äquatoriale Stellung der Methoxygruppe ableiten.

! **168**

Das Grignard-Reagenz wird nach der Cramschen Regel bevorzugt von der *Si*-Seite angreifen, da dies die sterisch weniger gehinderte ist. Man betrachtet dazu die Konformation, in der das Sauerstoffatom im Edukt antiperiplanar zur größten Gruppe am benachbarten Chiralitätszentrum, hier der *tert*-Butylgruppe, steht. (3S,4S)-2,2,3-Trimethylheptan-4-ol wird daher das Hauptprodukt sein.

! 169

Calcipotriol hat sieben Chiralitätszentren und drei Doppelbindungen, an denen Isomerie möglich ist. Da für die Konfiguration der stereogenen Einheiten jeweils zwei Möglichkeiten bestehen, existieren theoretisch $2^7 \cdot 2^3 = 2^{10} = 1024$ Stereoisomere. Außerdem können an der C6-C7-Bindung, die partiellen Doppelbindungscharakter hat, für jedes dieser Isomere das *s-cis-* und das *s-trans-*Konformer unterschieden werden. Die Konfiguration an den Doppelbindungen ist in die Formel eingetragen. Sie ergibt sich aus dem jeweiligen Substitutionsmuster. An C13 ist die absolute Konfiguration R. Die Rangfolge der daran gebundenen Gruppen ist allerdings erst in der dritten Sphäre feststellbar. Für C14 ist der Digraph zur Bestimmung der Rangfolge angegeben. Die Entscheidung zwischen den beiden Gruppen der höchsten Priorität fällt hier erst in der dritten Sphäre und zwar bei der rangniedrigsten Gruppe: die Wasserstoffatome der Methylgruppe haben Vorrang vor den Phantomatomen (Platzhalter für nicht vorhandene Gruppen) am Duplikatatom. An C17 hingegen ist die Bestimmung der Rangfolge bereits in der zweiten Sphäre möglich: C(C,C,C) > C(C,C,H) > C(C,H,H) > H. Die Chiralitätszentren in den Seitenketten, die an C8 und C17 gebunden sind, haben nach den CIP-Regeln die in die Formel eingetragene absolute Konfiguration.

⚠ **170**

Unter den genannten Reaktionsbedingungen wird eine Hydroborierungs-reaktion des in situ gebildeten B_2H_6 an der Doppelbindung ablaufen. Dabei handelt es sich um eine stereospezifisch verlaufende *cis*-Addition, in der das Hydridion an das höher und das Boratom an das niedriger substituier-te Ende der Doppelbindung treten (anti-Markownikow-Reaktion). Es ent-steht daher das *trans*-(2-Methylcyclopentyl)boran, das racemisch ist, weil der Angriff von beiden Seiten der Doppelbindung erfolgen kann. Bei der Bestimmung der absoluten Konfiguration dieser Verbindungen ist zu be-achten, daß das Boratom rangniedriger ist als die Kohlenstoffatome, die an dasselbe Chiralitätszentrum gebunden sind. Im weiteren Verlauf der Reak-tion werden auch die übrigen B-H-Bindungen auf gleiche Weise umgesetzt, bis schließlich ein Trialkylboran erhalten wird. Dieses wird von alkalischer Wasserstoffperoxid-Lösung durch Angriff des Hydroperoxid-Anions auf das Boratom und anschließende Wanderung eines Alkylrestes vom Bor-atom zum Sauerstoffatom und Abspaltung eines Hydroxidions unter Reten-tion zum Trialkylborat oxidiert. Die Hydrolyse dieses Esters liefert folglich die beiden *trans*-konfigurierten Alkohole (*R*,*R*)- und (*S*,*S*)-2-Methylcyclo-pentanol als Racemat.

❶ 171

Die stereogenen Zentren werden nach dem CIP-System mit *R* und *S* bzw. *r* und *s* bezeichnet, abhängig davon, ob es sich um Chiralitätszentren oder Pseudochiralitätszentren handelt.

a) Diese achirale Verbindung hat neben zwei Chiralitätszentren ein *s*-konfiguriertes Pseudochiralitätszentrum.

b) Die Verbindung hat fünf Chiralitätszentren. Zur Bestimmung der Konfiguration des Zentrums im Ring, an das die Methylgruppe gebunden ist, benötigt man die Unterregel des CIP-Systems, nach der von konstitutionell gleichen Gruppen die mit *l*-Konfiguration (also mit *R,R*- oder *S,S*-Konfiguration) Vorrang vor einer solchen mit *u*-Konfiguration hat.

c) Diese achirale Verbindung hat neben zwei Chiralitätszentren in den Seitenketten ein Pseudochiralitätszentrum im Ring.

d) Die Verbindung hat in Position 4 ein Prochiralitätszentrum, da die beiden Chiralitätszentren dieselbe absolute Konfiguration aufweisen.

$$H_3C \overset{R}{\diagdown} O \overset{R}{\diagdown} CH_3$$

OH

e) Die absolute Konfiguration lautet S. Sie ergibt sich aus der Rangfolge der an das quartäre Kohlenstoffatom gebundenen Gruppen. Dabei ist zu beachten, daß das Kohlenstoffatom des Chiralitätszentrums selbst als Duplikatdarstellung berücksichtigt wird, wenn es auf dem Untersuchungsweg erneut erreicht wird. Dadurch erhält einmal das Ringsegment Vorrang vor der Ethoxymethyl-Seitenkette – C((C),H,H) > C(H,H,H) – aber umgekehrt der Ethoxyethyl-Rest Vorrang vor der analogen Gruppe im Ring. Im letzten Fall gilt C(H,H,H) > (C). Der Digraph für das Chiralitätszentrum dieser Verbindung ist hier aus Gründen der Übersichtlichkeit in zwei Teildigraphen, einen für die beiden ranghöchsten und einen für die beiden rangniedrigsten Gruppen dargestellt.

f) Die absolute Konfiguration dieser Koordinationsverbindung wird mit dem Deskriptor A angegeben. Zu dessen Ermittlung wird zuerst der Konfigurationsindex bestimmt. Der ranghöchste Ligand, das Bromatom, ist zweimal vorhanden. Einem von ihnen steht gegenüber ein Ammin-Ligand, und *trans* zum anderen ist eine Aminogruppe von Ethylendiamin gebunden. Die Prioritätszahl des rangniedrigeren von diesen beiden wird als erste Ziffer des Konfigurationsindexes genannt. Dieser Ligand und das Bromatom bilden damit die Bezugsachse des Oktaeders. Vom ranghöheren Atom dieser Bezugsachse, also dem Bromatom, blickt man dann auf die vier Liganden in der dazu senkrechten Ebene. Diese sind aus der Blickrichtung des Bromatoms in der Reihenfolge abnehmenden Ranges gegen den Uhrzeigersinn angeordnet.

$$OC\text{-}6\text{-}32\text{-}A$$

❗ 172

Bei der Reaktion können beide freien Sauerstoffatome des mesomeriestabilisierten Phosphatanions nukleophil das Bromatom im Cumarinderivat substituieren. Dadurch entstehen die beiden abgebildeten Diastereomere, die sich nur in der Konfiguration am Phosphoratom unterscheiden. In einer Untersuchung dieser Reaktion konnte gezeigt werden, daß bei Verwendung des Tetrabutylammoniumsalzes von cAMP in Acetonitril im Produktgemisch mit einem Diastereomerenverhältnis von 85:15 das am Phosphoratom S-konfigurierte Produkt überwiegt [10].

❗ 173

Um die Frage nach den Symmetrieelementen von *meso*-Weinsäure beantworten zu können, müssen die verschiedenen Konformationen betrachtet werden. Eine symmetrische ist die energiereiche synperiplanare Konformation. In ihr gibt es eine Spiegelebene, die die beiden enantiomorphen Molekülhälften aufeinander abbildet. Weitere Symmetrieelemente gibt es in dieser Konformation nicht (Punktgruppe C_s). In der *ap* Konformation besitzt *meso*-Weinsäure mit einem Inversionszentrum als einzigem Symmetrieelement (wenn man davon absieht, daß ein Inversionszentrum mit beliebig vielen S_2-Achsen äquivalent ist) die Symmetriepunktgruppe C_i. Alle anderen Konformationen, z. B. die gezeigte +synclinale Konformation, der *meso*-Weinsäure sind chiral und besitzen keine Symmetrieelemente. Es liegt also die Symmetriepunktgruppe C_1 vor.

❗ 174

Memantin ist achiral, weil eine Spiegelebene existiert, mit der die enantiomorphen Molekülhälften aufeinander abgebildet werden können. Das Kohlenstoffatom, das die Aminogruppe trägt, und das tertiäre Kohlenstoffatom sind Pseudochiralitätszentren, die beide *r*-konfiguriert sind. Beachten Sie, daß die Konfiguration der Pseudochiralitätszentren sich bei einer Spiegelung nicht ändert. Obwohl die Verbindung vier stereogene Zentren enthält, ist keine Konfigurationsangabe erforderlich, weil es keine Stereoisomere gibt.

❗ 175

Das Intensitätsverhältnis der Signale von 1:1:1 im ^{1}H-NMR-Spektrum spricht für die Verbindung **A** (Punktgruppe C_{3v}) und das von 2:2:2:1:1:1 für die Verbindung **B** (Punktgruppe C_s). Die chemisch äquivalenten und gleichnumerierten Wasserstoffatome sind in Verbindung **A** jeweils homotop und in Verbindung **B** jeweils enantiotop.

❗ 176

Tropatepin birgt ein interessantes strukturelles Merkmal in sich. Normalerweise verhalten sich Verbindungen mit unterschiedlich konfigurierten Doppelbindungen wie Diastereomere zueinander. In diesem Fall sind es jedoch Enantiomere, weil an das eine Ende der Doppelbindung zwei enantiomorphe Gruppen gebunden sind. Man sieht leicht, daß die beiden Formeln durch Spiegelung ineinander überführt werden können. Tropatepin ist also chiral. Es wird als Racemat eingesetzt.

! 177

a) B_5H_9 ist quadratisch-pyramidal gebaut. Die Verbindung besitzt die Symmetriepunktgruppe C_{4v} mit einer C_4-Achse und vier Spiegelebenen σ_v, von denen zwei jeweils durch gegenüberliegende Ecken und zwei durch gegenüberliegende Kantenmitten der quadratischen Grundfläche verlaufen.

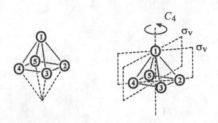

b) B_4H_{10} trägt die Symmetriepunktgruppe C_{2v} mit einer C_2-Achse und zwei Spiegelebenen σ_v.

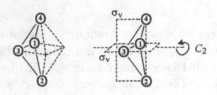

c) B_6H_{10} ist pentagonal-pyramidal gebaut und besitzt die Symmetriepunktgruppe C_{5v} mit einer C_5-Drehachse und fünf vertikalen Spiegelebenen σ_v, deren Schnittgerade die C_5-Achse ist.

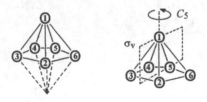

d) B_5H_{11} besitzt lediglich eine Spiegelebene σ und hat daher die Symmetriepunktgruppe C_s.

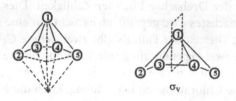

σ_v

🛈 **178**

Das Edukt ist *S*-konfiguriert, wie sich aus der Rangfolge der an das Schwefelatom gebundenen Gruppen (F > N > Chlorphenyl > Phenyl) ergibt. Unter der Annahme, daß die S_N2-Reaktion am Schwefelatom ebenfalls unter Walden-Umkehr verläuft, gelangt man über einen trigonal-bipyramidalen Übergangszustand mit der Hydroxygruppe und dem Fluoratom in den beiden apicalen Positionen und nach Tautomerisierung des Primärproduktes zu dem *R*-konfigurierten Sulfoximin. Die Ergebnisse ausführlicher kinetischer Untersuchungen, die einen solchen Mechanismus nahelegen, können in der Originalliteratur nachgelesen werden [11].

❗ 179

Anhand des Flußdiagramms im Anhang kann die Symmetriepunktgruppe zweifelsfrei bestimmt werden. Da das Molekül nicht linear ist, stellt sich die Frage nach der Drehachse höchster Zähligkeit. Dies ist eine vierzählige Achse. Als nächstes wird geprüft, ob es nicht nur eine sondern mehrere C_4-Achsen gibt. Dies ist der Fall. Es gibt zwei weitere C_4-Achsen. Sie verlaufen durch je zwei gegenüberliegende Palladiumatome. Da es keine C_5-Achse gibt, wird weiter nach vorhandenen C_3-Achsen gefragt. Hier ist es nun sinnvoll, die Chloratome zu betrachten. Durch die Mitten von jeweils von drei Chloratomen oder auch von drei Palladiumatomen gebildeten Dreiecken verlaufen insgesamt vier dreizählige Drehachsen. Die Frage nach den vierzähligen Achsen war zuvor schon beantwortet, so daß noch die Frage nach einem Inversionszentrum zu klären ist. Auch dieses ist vorhanden. Daher hat [(PdCl$_2$)$_6$] die Symmetriepunktgruppe O_h. Ihr gehören neben den bereits ermittelten Symmetrieelementen noch sechs C_2-Achsen durch jeweils zwei gegenüberliegende Chloratome an. Außerdem gibt es drei Spiegelebenen, die jeweils vier Palladiumatome enthalten und sechs zu ihnen diagonale Spiegelebenen, die jeweils zwei Palladium- und zwei Chloratome enthalten. Ferner existieren drei S_4-Achsen, die mit den C_4-Achsen zusammenfallen, und vier S_6-Achsen, die mit den C_3-Achsen zusammenfallen. Beachten Sie, daß die Palladiumatome in den Ecken eines Oktaeders liegen, dessen Kanten jeweils durch ein Chloratom überbrückt sind.

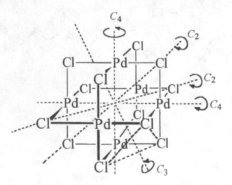

❗ 180

Doxycyclin besitzt sechs Chiralitätszentren. Ihre Konfiguration ist in der Formel angegeben. Dabei ist beim Chiralitätszentrum in Position 12a zu berücksichtigen, daß die Rangfolge der daran gebundenen Gruppen davon abhängig sein könnte, welches Tautomer vorliegt. Dies ist hier exemplarisch für eines der denkbaren Tautomere gezeigt, bei dem die Entscheidung über die Rangfolge erst in der vierten Sphäre fällt, wie aus dem für dieses Chiralitätszentrum gezeigten Digraph ersichtlich ist.

🟠 181

α-L-Idopyranose ist das Enantiomer von α-D-Idopyranose. Ebenso sind β-L-Idopyranose und β-D-Idopyranose Enantiomere. α-D-Idopyranose ist ein Epimer von β-D-Idopyranose, sie unterscheiden sich lediglich an C1 in der absoluten Konfiguration. α-L-Idopyranose ist ein Epimer von β-L-Idopyranose. α-D-Idopyranose und β-L-Idopyranose verhalten sich zueinander diastereomer (unterschiedliche absolute Konfiguration an C2, C3, C4 und C5), ebenso β-D-Idopyranose und α-L-Idopyranose.

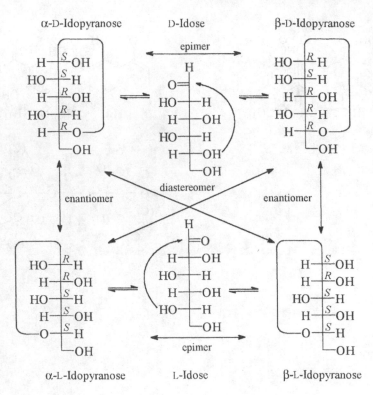

🟠 182

Die Komplexverbindung kann *cis-* und *trans-*konfiguriert vorliegen. Da die Verbindung zwei zweizähnige Ethylendiamin-Liganden trägt, tritt bei den Isomeren mit *cis-*ständigen Chloratomen Enantiomerie auf. Sie erhalten die Deskriptoren *OC*-6-2'2-Λ bzw. *OC*-6-2'2-Δ und besitzen die Symmetriepunktgruppe C_2. Das *trans-*Isomer hat eine Spiegelebene und drei zueinander senkrechte C_2-Achsen und gehört damit zur Punktgruppe D_{2h}. Sein Stereodeskriptor lautet *OC*-6-12'.

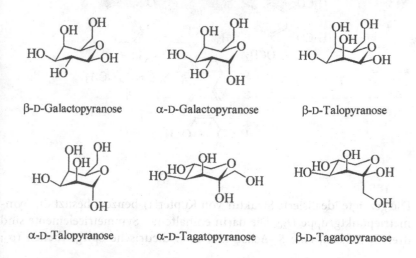

trans   cis   cis

Δ   Λ

183

Osazone sind Bis-Phenylhydrazone von Kohlenhydraten. Sie bilden sich aus Aldosen mit überschüssigem Phenylhydrazin, wobei im Verlauf der Reaktion die Hydroxygruppe in Position 2 (unter Abspaltung von Ammoniak und Anilin) zur Ketogruppe oxidiert und nachfolgend ebenfalls zum Hydrazon umgewandelt wird. Deshalb bilden in Position 2 epimere Zucker dasselbe Osazon. Gleichermaßen werden 2-Ketosen in dasselbe Osazon umgewandelt, da bei ihnen im Verlauf der Reaktion die primäre Hydroxygruppe oxidiert wird. Das in der Aufgabenstellung abgebildete Osazon kann daher aus D-Galactose, D-Talose und D-Tagatose erhalten werden, wobei selbstverständlich die α- und die β-Anomere zum selben Ergebnis führen, da die Reaktion über die offenkettigen Tautomere verläuft.

β-D-Galactopyranose   α-D-Galactopyranose   β-D-Talopyranose

α-D-Talopyranose   α-D-Tagatopyranose   β-D-Tagatopyranose

⊕ **184**

Die maximale Zahl an theoretisch möglichen Konfigurationsisomeren ist (wegen Vorgabe der E-Konfiguration an der Doppelbindung) $2^4 = 16$ (4 Chiralitätszentren). Wegen der konstitutionellen Symmetrie sind tatsächlich aber zwölf der theoretisch möglichen Isomere paarweise identisch, so daß sie zu sechs Verbindungen zusammengefaßt werden können und nur zehn Stereoisomere existieren:

$1R,1'R,2R,2'R$;

$1R,1'R,2S,2'S$;

$1R,1'R,2R,2'S \equiv 1R,1'R,2S,2'R$;

$1S,1'S,2R,2'R$;

$1S,1'S,2S,2'S$;

$1R,1'S,2R,2'R \equiv 1S,1'R,2R,2'R$;

$1R,1'S,2S,2'S \equiv 1S,1'R,2S,2'S$;

$1R,1'S,2R,2'S \equiv 1S,1'R,2S,2'R$;

$1R,1'S,2S,2'R \equiv 1S,1'R,2R,2'S$;

$1S,1'S,2R,2'S \equiv 1S,1'S,2S,2'R$.

Da laut Literatur im Arzneistoff die Positionen 1 und 1' R-konfiguriert sind, enthält er nur die drei zuerst aufgeführten Isomere. Das zweite Isomer ist abgebildet.

⊕ **185**

Die gezeigte idealisierte Struktur von Kupfer(I)-benzoat besitzt die Symmetriepunktgruppe D_{2d}. Die darin enthaltenen Symmetrieelemente sind drei C_2-Achsen, eine S_4-Achse und zwei diedrische Spiegelebenen (σ_d;

sie heißen diedrisch, weil sie als vertikale Spiegelebenen jeweils den Winkel zwischen zwei horizontal verlaufenden C_2-Achsen halbieren). Überprüfen Sie das Ergebnis anhand des Flußdiagramms im Anhang. Tatsächlich sind die Kupferatome dieser Verbindung nicht quadratisch, sondern in einem Parallelogramm angeordnet und die Benzoatgruppen stehen nicht senkrecht auf der Ebene der vier Kupferatome [12].

C_2, S_4

! 186

Die Verbindung hat zwar zwei Chiralitätszentren und drei Pseudochiralitätszentren. Es gibt zu ihr jedoch nur ein (achirales) Diastereomer. Die beiden Isomere unterscheiden sich lediglich in der relativen Stellung der Chlor- bzw. der Bromatome zueinander, die in einer Ebene liegen, die gleichzeitig die Spiegelebene des Moleküls ist (einziges Symmetrieelement, Punktgruppe C_s). Man könnte sie daher mit den Deskriptoren E und Z eindeutig spezifizieren. Bei der systematischen Benennung erfolgt die vollständige Angabe der Konfiguration aller stereogenen Zentren so, daß sich die Namen ($1s,3r,5R,6r,7S$)-1,6-Dibrom-3,6-dichloradamantan („Z"-Isomer) und ($1s,3r,5R,6s,7S$)-1,6-Dibrom-3,6-dichloradamantan („E"-Isomer) ergeben, die sich nur im Deskriptor für die Position 6 unterscheiden.

❗ 187

Vancomycin enthält 18 Chiralitätszentren, von denen sich neun in der Zuckerseitenkette und neun im Aglycon befinden. Ihre Konfiguration ist in der Formel angegeben. Das Aglycon enthält darüber hinaus noch eine S_a-konfigurierte Chiralitätsachse im Biphenylsystem, und zwei Chiralitätsebenen, die chlorsubstituierten Benzenringe, deren Rotation bei Zimmertemperatur so stark gehindert ist, daß sich eine Konfiguration für sie festlegen läßt. Die Leitatome, von denen aus die Bestimmung der Konfiguration dieser Chiralitätsebenen erfolgt, sind in der Formel durch Sterne kenntlich gemacht. Bei der Zuckerseitenkette handelt es sich um eine mit α-L-Vancosamin weitersubstituierte β-D-Glucopyranosyl-Einheit. Einzelheiten über die strukturellen Eigenschaften und die Strategien zur Totalsynthese [13] sowie die Biosynthese [14] von Vancomycin und analogen Glycopeptid-Antibiotika finden sich in neueren Übersichtsarbeiten.

❶ 188

Um erkennen zu können, an welchen Gruppen der Ausgangsverbindung welche Transformation durchgeführt werden muß, ist es am einfachsten, zuerst die Formel der Zielverbindung aus der Fischer-Projektion in eine Zick-Zack-Projektion zu überführen, die der Orientierung der Ausgangsverbindung entspricht. Danach sind die einzelnen erforderlichen Reaktionsschritte offensichtlich.

B   **A**

Einer Benzylierung der Hydroxygruppe unter Retention folgt die oxidative Spaltung der Doppelbindung, z. B. durch Ozonolyse mit reduktiver Aufarbeitung. (Alternativ wäre eine Dihydroxylierung mit nachfolgender Glycolspaltung möglich, bei der ebenfalls eine Reduktion der Produkte erforderlich wäre.) Hierbei wird wieder keines der Chiralitätszentren in seiner Integrität betroffen. Da jedoch die beiden neu gebildeten Hydroxymethyl-Gruppen im CIP-System ranghöher sind als das mit einem Stickstoffatom substituierte Kohlenstoffatom, ändern sich die Deskriptoren für die beiden äußeren Chiralitätszentren. Nach Abspaltung der *tert*-Butyldimethylsilyl-Gruppe (TBDMS-Gruppe) mit Tetrabutylammoniumfluorid (TBAF), die ebenfalls unter Retention verläuft, ergibt sich eine veränderte Rangfolge der an das zentrale Chiralitätszentrum gebundenen Gruppen, so daß sich dort der Deskriptor für die Konfiguration ändert. Auch die Umsetzung der 1,2-Diol-Gruppierung zum Acetonid verläuft wieder unter Retention und erneuter Änderung der Rangfolge am zentralen Chiralitätszentrum. Und auch die abschließende Swern-Oxidation der primären Hydroxygruppe zum Aldehyd ändert wiederum die Rangfolge der an das mittlere Chiralitätszentrum gebundenen Gruppen.

Einzelheiten der hier dargestellten Synthese von **B** können der Originalpublikation entnommen werden [15].

189

Zum Entwurf eines Syntheseschemas für Methyloxiran gibt es zwei mögliche Ansätze. Zum einen kann man fragen, wie eine mögliche Vorstufe aussehen muß. Eine direkte Epoxidierung von Propen mit Hilfe eines chiralen Katalysators ist wegen der schlechten Handhabbarkeit des gasförmigen Propens und des Fehlens dirigierender Gruppen in diesem Molekül nicht besonders aussichtsreich. Da Methyloxiran ferner wegen seiner Reaktivität und seiner großen Flüchtigkeit (Sdp. 34 °C) nicht für eine Enantiomerentrennung geeignet ist, muß also an Ringschlußreaktionen gedacht werden. Prinzipiell kommt dazu ein Alkohol mit vicinaler Abgangsgruppe in Frage, sei es ein primärer, der die Abgangsgruppe in Position 2 unter Inversion substituiert, oder der sekundäre, der unter Retention zum Ringschluß führt.

Der zweite Ansatz ist, danach zu fragen, welche natürlich vorkommenden Verbindungen mit Chiralitätszentrum und einem C_3-Grundgerüst als Ausgangsmaterial in Frage kommen könnten. Hier bieten sich z. B. Milchsäure oder Alanin an. Ausgehend vom käuflichen und billigen (S)-Milchsäureethylester gibt es unter anderen die beiden skizzierten Synthesewege, die zu den zuvor diskutierten direkten Vorstufen der Zielmoleküle führen. Eine Mesylierung der Hydroxygruppe mit Methansulfonylchlorid (MsCl) und anschließende Reduktion des Carbonsäureesters mit Lithiumaluminiumhydrid ergibt den primären Alkohol. Dessen Reaktion mit Base führt unter Inversion zu (*R*)-Methyloxiran. Das Schützen der Hydroxygruppe als Tetrahydropyran-2-yl-Ether (THP-Ether) mit 3,4-Dihydro-2*H*-pyran (DHP) und nachfolgende Reduktion des Esters ermöglichen es, die entstandene primäre Hydroxygruppe durch Tosylierung in eine Abgangsgruppe umzuwandeln. Nach Abspalten der THP-Schutzgruppe mit Säure kann der sekundäre Alkohol unter Retention zu (*S*)-Methyloxiran cyclisiert werden.

190

Tranylcypromin enthält einen Cyclopropanring, auf den sich die Überlegungen zum Synthesekonzept vorrangig richten sollten. Bei der gegebenen Konstitution ist eine Ringschlußreaktion eher schwer zu verwirklichen. Die Überlegungen müssen sich daher auf die Cycloaddition konzentrieren, wofür prinzipiell drei Möglichkeiten bestehen, die in der Formel den Schnitten a, b und c entsprechen.

Die relative Konfiguration der beiden Substituenten (Aminogruppe und Phenylring) läßt den Schnitt a attraktiv erscheinen. Er entspräche einer Addition von Carben an eine Doppelbindung, die in einer Simmons-Smith-Reaktion mit Zink und Diiodmethan bewerkstelligt werden könnte. Anstelle des schwer zugänglichen Enamins müßte hierzu das entsprechende Nitroderivat, (E)-1-Nitro-2-phenylethen, das leicht durch Aldolkondensation von Benzaldehyd und Nitromethan zugänglich ist, eingesetzt werden. Leider funktioniert die Simmons-Smith-Reaktion bei elektronenarmen Doppelbindungen nicht. Aus ähnlichen Überlegungen heraus kann die Alternative b verworfen werden. Beim Ansatz c stellt sich die Frage nach einer geeigneten Verbindung, die an Styren (**B**) addiert werden kann und eine geeignete Gruppe enthält, die hernach in eine Aminogruppe umgewandelt werden kann. Hierzu ist Ethyldiazoacetat (**G**) geeignet. Das aus der Diazoverbindung bei erhöhter Temperatur unter Abspaltung von Stickstoff freigesetzte Carben kann an Styren addiert werden. Man erhält ein Gemisch von trans- und cis-2-Phenylcyclopropancarbonsäureethylester (rac-**C** und rac-**D**) im Verhältnis von 65 : 35. Der Anteil des thermodynamisch stabileren rac-**C** kann im Gemisch durch anschließende Epimerisierung mit Natriummethanolat noch auf 95 % angehoben werden und der Rest der cis-Verbindung ist nach der Esterhydrolyse durch Umkristallisieren zu beseitigen. Die Carbonsäure (rac-**E**) kann schließlich einer Abbaureaktion (z. B. Hofmann-Abbau oder Curtius-Abbau) unterworfen werden. Bei der Umlagerung des Amids bzw. des Säureazids zum intermediären Isocyanat bleibt dabei die Konfiguration der wandernden Gruppe, hier des substituierten

Cyclopropylringes, erhalten, so daß das *trans*-Amin (*rac*-**A**) aus der *trans*-Säure erhalten wird.

B   **G**   **C**   **D**

A   **E**   **F**

$$\text{B} + \text{G} \longrightarrow \textit{rac}\text{-}\text{C} + \textit{rac}\text{-}\text{D} \longrightarrow \textit{rac}\text{-}\text{E} + \textit{rac}\text{-}\text{F}$$

$$\textit{rac}\text{-}\text{E} \longrightarrow \longrightarrow \textit{rac}\text{-}\text{A}$$

191

Propranolol besitzt ein 1,2,3-trisubstituiertes Propan, das leicht durch Öffnung eines Epoxides mit einem Nukleophil, hier offensichtlich Isopropylamin, erhalten werden kann. Die für diese Reaktion notwendige Vorstufe ist das *S*-konfigurierte Epoxid **C**, das schon erkennen läßt, daß Allylalkohol die Ausgangssubstanz sein könnte. Dieser kann durch Sharpless-Epoxidierung je nach Wahl des chiralen Hilfsreagenzes, (+)- oder (–)-Diisopropyltartrat (DIPT), entweder in (*R*)-Oxiranylmethanol (**A**) oder dessen Enantiomer *ent*-**A** umgewandelt werden. Ausgehend von **A** muß ein Syntheseweg gewählt werden, der die Konfiguration des Chiralitätszentrums unverändert läßt. Dies gelingt durch Tosylierung der Hydroxygruppe mit Tosylchlorid (TsCl) und anschließende Substitution des Tosylates durch 1-Naphthol, die bereits zum Zwischenprodukt **C** führt. Auch von *ent*-**A** aus kann man zum *S*-Enantiomer von Propranolol gelangen, wenn die Naphthyloxy-Gruppe am anderen Ende des C$_3$-Körpers eingeführt wird oder die Synthesesequenz einen Schritt enthält, bei dem Inversion am Chiralitätszentrum eintritt. Eine Möglichkeit dazu ist die gezeigte Reaktionsfolge, in der zuerst das Epoxid mit Natrium-1-naphtholat geöffnet wird. Im erhaltenen Diol wird mit Bromwasserstoff in konzentrierter Essigsäure unter gleichzeitiger Veresterung der sekundären selektiv die primäre Hydroxygruppe substituiert. Das bei der anschließenden alkalischen Hydrolyse freigesetzte Alkoholat reagiert direkt unter Ringschluß zum Epoxid **C**.

Anhang

Rangfolge ausgewählter Substituentengruppen im CIP-System angeordnet in der Reihenfolge zunehmenden Ranges

Dimethoxyboryl
Methyl
Ethyl
Propyl
Butyl
Pentyl
Hexyl
Isopentyl
Isobutyl
Allyl (Prop-2-enyl)
Neopentyl
Prop-2-inyl
Benzyl
4-Chlorbenzyl
Isopropyl
Vinyl (Ethenyl)
sec-Butyl
Cyclopropyl
Cyclobutyl
Cyclopentyl
Cyclohexyl
Prop-1-enyl
tert-Butyl
Isopropenyl
Ethinyl
Phenyl
4-(Dihydroxyboryl)phenyl
p-Tolyl
4-Nitrophenyl
4-Methoxyphenyl
m-Tolyl
3,5-Dimethylphenyl
3-Nitrophenyl
3,5-Dinitrophenyl
Prop-1-inyl
o-Tolyl
2,6-Dimethylphenyl
Mesityl (2,4,6-Trimethylphenyl)
Trityl (Triphenylmethyl)
2-Nitrophenyl
2,4-Dinitrophenyl
Aminomethyl
Hydroxymethyl
Formyl
Acetyl

Propanoyl
Benzoyl
Carboxy
Methoxycarbonyl
Ethoxycarbonyl
Benzyloxycarbonyl
tert-Butoxycarbonyl
Amino
Methylamino
Ethylamino
Benzylamino
Isopropylamino
tert-Butylamino
Phenylamino
Acetylamino
Benzoylamino
(Benzyloxycarbonyl)amino
(tert-Butoxycarbonyl)amino
Dimethylamino
Diethylamino
Dipropylamino
Piperidino
Morpholino
Phenyldiazenyl
Nitroso
Nitro
Hydroxy
Methoxy
Ethoxy
Benzyloxy
Phenoxy
Acetoxy
Benzoyloxy
Mesyloxy (Methylsulfonyloxy)
Tosyloxy [(4-Methylphenyl)sulfonyloxy]
Fluor
Dimethyl(phenyl)silyl
Diphenylphosphanyl
Sulfanyl
Methylsulfanyl
Methylsulfinyl
Mesyl (Methylsulfonyl)
Chlor
Brom
Iod

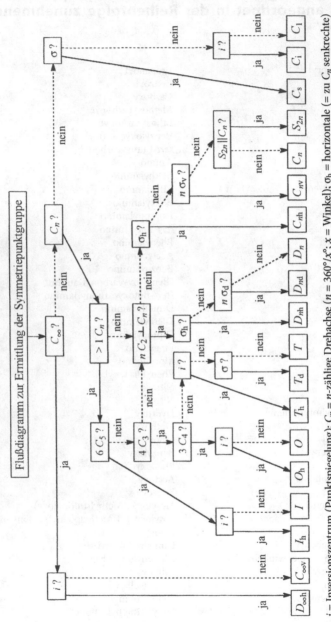

i = Inversionszentrum (Punktspiegelung); C_n = n-zählige Drehachse ($n = 360°/x°$; x = Winkel); σ_h = horizontale (= zu C_n senkrechte) Spiegelebene; σ_v = vertikale (= zu C_n parallele) Spiegelebene; σ_d = diedrische (= den Winkel zwischen C_2-Achsen halbierende) Spiegelebene; S_{2n} = Drehspiegelachse; n bedeutet stets die Zähligkeit der Drehachse höchster Zähligkeit im Molekül.

Literatur

1. Lehrbücher und einführende Werke

Ernest L. Eliel, Samuel H. Wilen: *Stereochemistry of Organic Compounds*, Wiley, New York, Chichester, Brisbane, Singapore, Toronto, 1994

E. L. Eliel, S. H. Wilen: *Organische Stereochemie* (gekürzte Übersetzung), Wiley-VCH, Weinheim, New York, Chichester, Brisbane, Singapore, Toronto, 1997

Ernest L. Eliel, Samuel H. Wilen, Michael P. Doyle: *Basic Organic Stereochemistry*, Wiley, New York, Chichester, Weinheim, Brisbane, Singapore, Toronto, 2001

Sheila R. Buxton, Stanley M. Roberts: *Einführung in die Organische Stereochemie*, Springer-Verlag, Berlin, 1999

Siegfried Hauptmann, Gerhard Mann: *Stereochemie*, Spektrum Akademischer Verlag, Heidelberg, 1996

Karl-Heinz Hellwich: *Stereochemie – Grundbegriffe*, Springer-Verlag, Berlin, Heidelberg, New York, 2001

Gerhard Quinkert, Ernst Egert, Christian Griesinger: *Aspekte der Organischen Chemie, Struktur*, Verlag Helvetica Chimica Acta, VCH, Basel, 1995

Bernard Testa: *Grundlagen der Organischen Stereochemie*, VCH, Weinheim, 1983

Hermann J. Roth, Christa E. Müller, Gerd Folkers: *Stereochemie & Arzneistoffe*, Wiss. Verlagsgesellschaft, Stuttgart, 1998

Christoph Rücker, Joachim Braun: *UNIMOLIS, Ein computerunterstützter Kurs zu molekularer Symmetrie und Isomerie*, http://unimolis.uni-bayreuth.de

Alexander von Zelewsky: *Stereochemistry of Coordination Compounds*, John Wiley & Sons, Chichester, 1996

2. Weiterführende Literatur

a) zitierte Literatur

[1]   Hui-Ping Guan, Yao-Ling Qiu, Mohamad B. Ksebati, Earl R. Kern, Jiri Zemlicka: *Synthesis of phosphonate derivatives of methylenecyclopropane nucleoside analogues by alkylation-elimination method and unusual opening of cyclopropane ring*, Tetrahedron **58**, 6047–6059 (2002)

[2]   H.-P. Buchstaller, C. D. Siebert, R. H. Lyssy, G. Ecker, M. Krug, M. L. Berger, R. Gottschlich, C. R. Noe: *Thieno[2,3-b]pyridinones as Antagonists on the Glycine Site of the N-methyl-D-aspartate Receptor – Binding Studies, Molecular Modeling and Structure-Activity-Relationships*, Sci. Pharm. **68**, 3–14 (2000)

[3] F. Albert Cotton, Jan M. Troup: *Accurate Determination of a Classic Structure in the Metal Carbonyl Field: Nonacarbonyldi-iron*, J. Chem. Soc. Dalton Trans. **1974**, 800–802

[4] Jeffrey A. Robl, Chong-Qing Sun, Jay Stevenson, Denis E. Ryono, Ligaya M. Simpkins, Maria P. Cimarusti, Tamara Dejneka, William A. Slusarchyk, Sam Chao, Leslie Stratton, Ray N. Misra, Mark S. Bednarz, Magdi M. Asaad, Hong Son Cheung, Benoni E. Abboa-Offei, Patricia L. Smith, Parker D. Mathers, Maxine Fox, Thomas R. Schaeffer, Andrea A. Seymour, Nick C. Trippodo: *Dual Metalloprotease Inhibitors: Mercaptoacetyl-Based Fused Heterocyclic Dipeptide Mimetics as Inhibitors of Angiotensin-converting Enzyme and Neutral Endopeptidase*, J. Med. Chem. **40**, 1570–1577 (1997)

[5] Robin A. Fairhurst, Steven P. Collingwood, David Lambert, Elke Wissler: *Nucleic Acid Containing 3'-C-P-N-5' Ethyl Phosphonamidate Ester and 2'-Methoxy Modifications in Combination; Synthesis and Hybridisation Properties*, Synlett **2002**(5), 763–766

[6] Daniel Guillon, Michael A. Osipov, Stéphane Méry, Michel Siffert, Jean-François Nicoud, Cyril Bourgogne, P. Sebastião: *Synclinic-anticlinic phase transition in tilted organosiloxane liquid crystals*, J. Mater. Chem. **11**(11), 2700–2708 (2001)

[7] Jesse Dambacher, Mikael Bergdahl: *Employing the simple monosilylcopper reagent, Li[PhMe₂SiCuI], in 1,4-addition reactions*, Chem. Commun. **2003**, 144–145

[8] Xun-Wei Wu, Xue-Long Hou, Li-Xin Dai, Ju Tao, Bo-Xun Cao, Jie Sun: *Synthesis of Novel N,O-planar chiral [2,2]paracyclophane ligands and their application as catalysts in the addition of diethylzinc to aldehydes*, Tetrahedron Asymmetry **12**, 529–532 (2001)

[9] Manfred Braun, Brigitte Meyer, Boris Féaux de Lacroix: *Synthesis of (R)- and (S)-O-Methylcannabispirenone by Desymmetrization of O-Methylcannabispirone*, Eur. J. Org. Chem. **2002**, 1424–1428

[10] Torsten Eckardt, Volker Hagen, Björn Schade, Reinhardt Schmidt, Claude Schweitzer, Jürgen Bendig: *Deactivation Behaviour and Excited-State Properties of (Coumarin-4-yl)methyl Derivatives. 2. Photocleavage of Selected (Coumarin-4-yl)methyl-Caged Adenosine Cyclic 3',5'-Monophosphates with Fluorescence Enhancement*, J. Org. Chem. **67**(3), 703–710 (2002)

[11] Tiaoling Dong, Takayoshi Fujii, Satoro Murotani, Huagang Dai, Shin Ono, Hiroyuki Morita, Choichiro Shimasaki, Toshiaki Yoshimura: *Kinetic Investigation on the Hydrolysis of Aryl(fluoro)(phenyl)-λ^6-sulfanenitriles*, Bull. Chem. Soc. Jpn. **74**, 945–954 (2001)

[12] Michael G. B. Drew, Dennis A. Edwards, Roger Richards: *Crystal and Molecular Structure of Tetrakis[copper(I) benzoate]*, J. Chem. Soc. Dalton Trans. **1977**, 299–303

[13] K. C. Nicolaou, Christopher N. C. Boddy, Stefan Bräse, Nicolas Winssinger: *Chemie, Biologie und medizinische Anwendungen der Glycopeptid-Antibiotika*, Angew. Chem. **111**(15), 2230–2287 (1999), Angew. Chem. Int. Ed. **38**(15), 2096–2152 (1999)

[14] Brian K. Hubbard, Christopher T. Walsh: *Der Aufbau von Vancomycin: so macht es die Natur*, Angew. Chem. **115**(7), 752–789 (2003), Angew. Chem. Int. Ed. **42**(7), 730–765 (2003)

[15] Haiyan Lu, Zhuoyi Su, Ling Song, Patrick S. Mariano: *A Novel Approach to the Synthesis of Amino-Sugars. Routes To Selectively Protected 3-Amino-3-deoxy-aldopentoses Based on Pyridinium Salt Photochemistry*, J. Org. Chem. **67**, 3525–3528 (2002)

b) Regeln und Empfehlungen der IUPAC

* *Basic Terminology of Stereochemistry*, Pure Appl. Chem. **68**(12), 2193–2222 (1996)

* *Nomenclature of Carbohydrates*, Pure Appl. Chem. **68**(10), 1919–2008 (1996)

* *The Nomenclature of Lipids, Recommendations 1976*, Eur. J. Biochem. **79**, 11–21 (1977)

* *Nomenclature and Symbolism for Amino Acids and Peptides (Recommendations 1983)*, Pure Appl. Chem. **56**(5), 595–624 (1984); Eur. J. Biochem. **138**, 9–37 (1984)

Graphical Representation of Stereochemical Configuration, Pure Appl. Chem. **78**(10), 1897–1970 (2006)

International Union of Pure and Applied Chemistry (IUPAC), Organic Chemistry Division, Commission on Nomenclature of Organic Chemistry, J. Rigaudy, S. P. Klesney, Hrsg.: *Nomenclature of Organic Chemistry, Sections A, B, C, D, E, F and H, 1979 Edition*, Pergamon Press, Oxford, 1979

International Union of Pure and Applied Chemistry (IUPAC), G. Kruse, Hrsg.: *Nomenklatur der Organischen Chemie – Eine Einführung*, VCH, Weinheim, 1997

International Union of Pure and Applied Chemistry: *Nomenclature of Inorganic Chemistry – IUPAC Recommendations 2005*, International Union of Pure and Applied Chemistry/The Royal Society of Chemistry, Cambridge, 2005

International Union of Pure and Applied Chemistry (IUPAC), W. Liebscher, Hrsg.: *Nomenklatur der Anorganischen Chemie, Deutsche Ausgabe der Empfehlungen 1990*, VCH, Weinheim, 1994; korrigierte Ausgabe: 1995

Die vorstehend mit Stern (*) gekennzeichneten Quellen sind auch über die Adresse http://www.chem.qmul.ac.uk/iupac/ im Internet zugänglich.

c) Literatur zu speziellen Themen

R. S. Cahn, Sir Christopher Ingold, V. Prelog: *Spezifikation der molekularen Chiralität*, Angew. Chem. **78**, 413–447 (1966), Angew. Chem. Int. Ed. Engl. **5**, 385–415 + 511 (1966)

Vladimir Prelog, Günter Helmchen: *Grundlagen des CIP-Systems und Vorschläge für eine Revision*, Angew. Chem. **94**, 614–631 (1982), Angew. Chem. Int. Ed. Engl. **21**, 567–583 (1982)

Günter Helmchen: *Nomenclature and Vocabulary of Organic Stereochemistry*, in: Methods of Organic Chemistry (Houben-Weyl), Volume E21a, Stereoselective Synthesis, Thieme, Stuttgart, New York, 1995, S. 1–74

Dieter Seebach, Vladimir Prelog: *Spezifikation des sterischen Verlaufs von asymmetrischen Synthesen*, Angew. Chem. **94**, 696–702 (1982), Angew. Chem. Int. Ed. Engl. **21**, 654–660 (1982)

Lewis N. Mander: *Stereoselektive Synthese*, Wiley-VCH, Weinheim, New York, Chichester, Brisbane, Singapore, Toronto, 1998

Robert S. Ward: *Selectivity in Organic Synthesis*, Wiley, Chichester, New York, Weinheim, Brisbane, Singapore, Toronto, 1999

István Hargittai, Magdolna Hargittai: *Symmetry through the Eyes of a Chemist*, VCH, Weinheim, 1986

Fritz Vögtle, Joachim Franke, Arno Aigner, Detlev Worsch: *Die Cramsche Regel*, Chem. unserer Zeit **18**(6), 203–210 (1984)

Jan M. Fleischer, Alan J. Gushurst, William L. Jorgensen: *Computer Assisted Mechanistic Evaluations of Organic Reactions. 26. Diastereoselective Additions: Cram's Rule*, J. Org. Chem. **60**(3), 490–498 (1995)

Bernd Schäfer: *Kinetische Racematspaltung: Enantioselektive Protonierungen*, Chem. unserer Zeit **36**(6), 382–389 (2002)

Peter R. Schreiner: *Das „richtige" Lehren: eine Lektion aus dem falsch verstandenen Ursprung der Rotationsbarriere im Ethan*, Angew. Chem. **114**(19), 3729–3731 (2002), Angew. Chem. Int. Ed. **41**(19), 3579–3581 (2002)

Benito Alcaide, Pedro Almendros: *Direkte katalytische asymmetrische gekreuzte Aldolreaktion von Aldehyden*, Angew. Chem. **115**(8), 884–886 (2003), Angew. Chem. Int. Ed. **42**(8), 858–860 (2003)

Karl-Heinz Hellwich: *Chemische Nomenklatur, Die systematische Benennung organisch-chemischer Verbindungen*, Govi-Verlag, Eschborn, 2. Aufl. 2002, 2006

Lutz H. Gade: *„Eine geniale Frechheit": Alfred Werners Koordinationstheorie*, Chem. unserer Zeit **36**(3), 168–175 (2002)

Klaus Roth, Simone Hoeft-Schleeh: *Das chemische Meisterstück: Emil Fischers Strukturaufklärung der Glucose*, Chem. unserer Zeit **36**(6), 390–402 (2002)

Sachverzeichnis

Die Verweise im Sachverzeichnis sind die Nummern der Aufgaben und Lösungen, keine Seitenzahlen.
Die Internationalen Freinamen (INN) oder vorgeschlagenen INN (INNv) von in diesem Buch erwähnten Arzneistoffen sind im Sachverzeichnis entsprechend kenntlich gemacht.